妖怪ひみつ大百科

村上健司[著]

永岡書店

はじめに
この本を読む前に知っておきたいこと

妖怪とは、「怪しくて不思議な物」、「現象」、「場所」などのことをいう。

まず「物」というのは、動物や植物、岩石や器具というように、具体的な形があって、そこに存在するものをいう。

動物や植物では、長く生きたことで、不思議な能力が使えるようになる場合が多く、狐、狸、化け猫、大蝦蟇などがあげられる。

生物でなくても、長い年月をかけて精霊が宿って妖怪化することがあり、また、人間や動物の霊が宿って妖怪化することもある。例としては、人の言葉をしゃべる岩石や、生き物のように動きまわる化け草履がある。

また、生前の姿で現れる幽霊や、想像上の生物も、とりあえず形を現すものなので、物に分類されるだろう。

次に「現象」とは、原因不明の音、光、火の玉、普通とは違った自然現象、いきなり空腹になるような異常な生理現象といったものがあげられる。

この本に出てくる妖怪では、じゃんじゃん火、塗り壁、餓鬼憑き、家鳴りなどが、現象に分類される。簡単にいえば、不可解な現象に名前をつけたものと思えばいいだろう。

「場所」とは、なめら筋のような魔物の通り道、耕作すると祟られる田畑など、怪奇現象や不吉なことが起きやすい場所のことになる。

こうしたものを妖怪とよんでいるわけだ。
　さらに、これらの分類とは別に、妖怪の世界には二つのグループが存在する。それが、いい伝えの妖怪と、創作された妖怪だ。
　例えば、妖怪を描いた絵巻物や、江戸時代の浮世絵師・鳥山石燕が描いた『画図百鬼夜行』という本には、ぬらりひょんという妖怪が出てくる。漫画やアニメでは、親分的な妖怪とされることの多い、有名な妖怪だ。
　しかし、このぬらりひょんには、いい伝えがまったくない。よく、妖怪の本には、妖怪の総大将で、勝手に人の家に上がりこみ、お茶を飲む……なんて説明がされているが、この設定は、昭和の時代に子供向けの本の中で作られたことが分かっている。そもそも、絵巻物や『画図百鬼夜行』には、名前と姿しかのってないので、本当はどんな妖怪なのかはまるで分からないのだ。このぬらりひょんは、創作された妖怪グループの代表といえる。
　一方、いい伝えの妖怪グループである河童、天狗、鬼には、古くからのいい伝えがたくさん残っている。その妖怪がいると信じられてきたからこそ、多くの話が伝わっているわけだ。
　この本では、創作された妖怪をなるべくさけて、いい伝えの妖怪を中心に紹介している。本当にいたかもしれない妖怪たちの世界を、存分に楽しんでもらいたい。

もくじ

日本全国妖怪地図 ……………… 2
はじめに ………………………… 4
もくじ …………………………… 6
この本の見方 …………………… 10

第1章 山の妖怪

山の妖怪 大集合！！ ………… 12
鬼 ……………………………… 14
天狗 …………………………… 18
八岐大蛇 ……………………… 22
天邪鬼 ………………………… 24
サトリ ………………………… 26
ダイダラボッチ ……………… 28
ツチノコ ……………………… 30
一本だたら …………………… 32
餓鬼憑き ……………………… 34
鎌鼬 …………………………… 35

子泣き爺 ……………………… 36
サガリ ………………………… 37
野槌 …………………………… 38
野襖 …………………………… 39
ひだる神 ……………………… 40
山姥 …………………………… 41
山爺 …………………………… 42
山童 …………………………… 43
雪女 …………………………… 44
笑い女 ………………………… 45

妖怪コラム1 山に現れる妖怪たち
鬼と天狗の秘密に迫る！ …… 46
妖怪学校 一時間目 国語 …… 48

第2章 海・川の妖怪

海・川の妖怪 大集合！！ …… 50
河童 …………………………… 52

龍 ……… 56

牛鬼 ……… 58

船幽霊 ……… 60

小豆洗い ……… 62

アマビエ ……… 64

海坊主 ……… 66

岩魚坊主 ……… 68

産女 ……… 69

大蝦蟇 ……… 70

大蛤 ……… 71

髪洗い婆 ……… 72

川姫 ……… 73

七人みさき ……… 74

女郎蜘蛛 ……… 75

波小僧 ……… 76

人魚 ……… 77

濡れ女 ……… 78

ミヅチ ……… 79

妖怪コラム2 海・川に現れる妖怪たち
各地に残る不思議な伝説！ …80

妖怪学校 二時間目 算数 ……82

第3章
特別な場所の妖怪

特別な場所の妖怪 大集合!! …84

九尾の狐 ……… 86

花子さん ……… 88

お菊虫 ……… 90

長壁姫 ……… 92

蟹坊主 ……… 94

麒麟 ……… 96

土蜘蛛 ……… 98

鵺 ……… 100

大蜘蛛 ……… 102

砂かけ婆 ……… 103

もくじ

妖怪コラム3 特別な場所に現れる妖怪たち

御所に現れた妖怪のその後 ……104

妖怪学校 三時間目 理科 ……106

第4章 人里の妖怪

人里の妖怪 大集合!! ………108

狐と狸 …………………… 110

犬神 …………………… 114

化け猫 …………………… 116

口裂け女 …………………… 118

ウワーグワーマジムン ………120

キジムナー …………………… 122

一反木綿 …………………… 124

火車 …………………… 125

片輪車 …………………… 126

狐憑き …………………… 127

三吉鬼 …………………… 128

じゃんじゃん火 …………… 129

人面犬 …………………… 130

スネコスリ …………………… 131

袖引き小僧 …………………… 132

短蛇様 …………………… 133

タンタンコロリン …………… 134

釣瓶下ろし …………………… 135

どうもこうも …………………… 136

通り悪魔 …………………… 137

ナマハゲ …………………… 138

塗り壁 …………………… 139

のっぺら坊 …………………… 140

一つ目小僧 …………… 141

武士の生首 …………………… 142

震々 …………………… 143

骨女 …………………… 144

みかり婆 …………………… 145

見越し入道 …………………… 146

悪い風 …………………… 147

妖怪コラム4 人里に現れる妖怪たち

意外なエピソードの数々 ……148

妖怪学校 四時間目 社会 ……150

第5章
家・屋敷の妖怪

家・屋敷の妖怪 大集合!! …152

家鳴り …………………… 154

座敷わらし ……………… 156

ろくろ首 ………………… 158

クダン …………………… 160

オッケルイペ …………… 162

垢なめ …………………… 164

小豆はかり ……………… 165

カイナデ ………………… 166

髪切り …………………… 167

がんばり入道 …………… 168

黒坊主 …………………… 169

逆柱 ……………………… 170

ショウケラ ……………… 171

ちいちい袴 ……………… 172

なめら筋 ………………… 173

獏 ………………………… 174

化け草履 ………………… 175

貧乏神 …………………… 176

細手長手 ………………… 177

枕返し …………………… 178

夜道怪 …………………… 179

妖怪コラム5 家・屋敷に現れる妖怪たち

身近なところで出会えるかも!? …180

妖怪Q & A ……………… 182

妖怪れきし年表 ………… 184

索引 ……………………… 186

おわりに ………………… 190

この本の見方

妖怪の名前
まずはこれを覚えよう！

妖怪の説明
どんな妖怪かくわしく解説しているよ

妖怪豆知識
妖怪の特徴やミニ情報を紹介

●名前／この妖怪の名前 ●出没場所／この妖怪が出る場所 ●出没時期／この妖怪が出る季節や時間 ●発見時期／最初に発見された時代 ●レア度／火の玉が多いほど珍しい妖怪 ●危険度／火の玉が多いほど危険な妖怪

妖怪4コマまんが
読めばどんな妖怪かが一目瞭然！

覚えておくと楽しいぞ！

妖怪用語の基礎知識
わかると妖怪の世界がもっと楽しくなるぞ！

精霊
あらゆる生物、無生物に宿る、霊的なもの。普段は現れることはないが、長い年月を経て、宿っている物から抜け出すことができる。

守護神
ある特定の人間、建物、場所などを見守ってくれる神様。妖怪でも、その不思議な能力を使い、守護神になってくれることがある。

祟り
神様や妖怪が、特定の人間、建物、場所に対して、災いをなすこと。病気にしたり、大きな災害を起こしたりして苦しめる。

憑き物
死者の霊や動物、植物の霊が、人間に取り憑いて悪さを働くこと。有名なところでは、狐の霊が取り憑く狐憑きがある。

第1章
山の妖怪

町がいくらにぎやかになっても、山にはまだまだ深い闇がある。そんな闇には、山をすみかとする妖怪たちが、今なおうごめいている。とくに夜の山は、妖怪たちの天国だ！

> 昼でも暗い山は妖怪が出やすいよ！

山の妖怪

優しい鬼もいるが、恐ろしい性質をしたものがほとんど

顔つきはみにくく、筋肉質のたくましい肉体を持ち、頭には角を生やす。手には人間を苦しめるための武器を持つ——というのが、一般的な鬼の姿。ただ、古い時代の鬼は、めったに姿を現さず、隠れて悪さを働いた。そのため"隠"という言葉が"オニ"の名前になったといわれている。

野山や人里に現れ、ときには建物内にも侵入。人を襲って食うことはもちろん、姿を見せずに人間に近づいて病気にするなど、凶悪な性質をしている。しかし、鬼にもいろいろな種類がいて、人助けをする優しい鬼もいないわけではない。

名前	鬼
出没場所	全国各地の野山、人里
出没時期	時間や季節に関係なく出没
発見時期	奈良時代
レア度	●
危険度	● ● ● ● ●

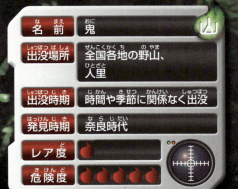

オレは鬼だ

すごく強い

こんな鉄でできた金棒だって振り回せる

そんなオレのお気に入りはトラ皮のパンツ

冬は寒い

日本中に出没した さまざまな鬼たち!

鬼のいい伝えは日本各地に残っていて、人助けをする鬼、人間から変身した鬼、異様な姿をした鬼と、じつに個性的だ!

百目鬼(どうめき)

体中に百もの目をつけた鬼。現在の栃木県宇都宮市の明神山(二荒山神社のある山)に現れ、付近の者を苦しめた。後に藤原秀郷(俵藤太)によって退治される。一説には盗賊の首領だったともいう。

安達ヶ原の鬼婆(あだちがはらのおにばば)

生きながら鬼になった老婆。現在の福島県二本松市にあった安達ヶ原の岩屋にすみ、妊婦の生き肝をねらって殺人をくり返していた。能の「黒塚」は、この鬼婆をモデルにした古典芸能だ。

津軽の大人 (つがるのおおひと)

青森県の岩木山にすみ、村人と相撲を取るなど、フレンドリーな面を持つ。農民のために田畑を作り、用水路を引いてくれた。弘前市鬼沢にある鬼神社は、そんな鬼に感謝して土地の人が建てたもの。

猿鬼 (さるおに)

角のある大きな猿のような鬼で、石川県の能登半島にすんでいた。性格はひどく凶暴。子分とともに田畑を荒らし、人間を苦しめたので、土地の神様たちによって退治された。

酒呑童子 (しゅてんどうじ)

大江山（京都府福知山市の北部にある山）を根城に、京の都で悪さを働いた鬼のボス。酒好きで、稚児（頭をそらずに修行にはげんだ少年僧）のような姿をしていたことから、その名がある。

山の妖怪 (やまのようかい)

風のように山を駆け、自由自在に空を飛ぶ
天狗 てんぐ

人や物に化けることはもちろん、天狗の神通力でできないことはない

鼻高天狗が持つ羽根うちわは、風を自在に操ることが可能

背中に生えた翼で、空をものすごいスピードで移動する

服装は修験道(山岳宗教の一種)の行者スタイルか、僧侶姿

天狗には、鼻高天狗と、烏天狗の二種類がいるよ

姿のない山の精霊から行者スタイルへと変身

山の妖怪の代表で、日本中の山や森にすむ。背中の翼で空を飛び、山を中心にあらゆる場所へ移動する。小石や砂を雨のように降らす天狗礫、高笑いだけを響かせる天狗笑いなど、神通力でさまざまな怪異を起こすが、基本は山に来た人間を驚かすぐらい。ただし、凶暴な天狗の場合は、天狗隠しといって人間の子供を誘拐したり、人間を八つ裂きにして大木のこずえに引っかけておいたりする。

もともとは山の精霊としてあまり姿は見せなかったが、平安時代頃から猛禽類のような姿で人前に出てくるようになり、後に行者スタイルをとるようになった。

名前	天狗
出没場所	全国各地の野山、人里
出没時期	時間や季節に関係なく出没
発見時期	平安時代頃
レア度	●●
危険度	●●●

山の妖怪

わしは天狗
本物の天狗じゃ

最近ではいい気になったり自慢ばかりしとる奴の事を「天狗になる」と言うらしい

……

なれるもんならなってみんかーい！
かーい
かーい

天狗界に君臨する八天狗たち

霊山とよばれる山には、かならず天狗の集団がいる。その頂点に立つ親分天狗は、ナニナニ山のナントカ坊といった名前を持ち、山の守護神として祀られている。中でも八天狗とよばれる親分たちは、天狗界のスーパースターだ。

愛宕山太郎坊
京都市の愛宕山に祀られた天狗。栄術太郎ともよばれ、古くから愛宕山を守る。多くの家来を従える日本一の天狗として知られている。

白峰相模坊
香川県坂出市の白峰にすむ天狗。もとは神奈川県伊勢原市の大山にいたが、讃岐に流された崇徳上皇を慰めるために白峰へと移った。

大山伯耆坊
神奈川県伊勢原市の大山にすみついた天狗。名前に伯耆とあるように、もともとは鳥取県の大山にすんでいたが、引っ越してきた。

彦山豊前坊
大分県と福岡県の境にそびえる英彦山にすむ天狗。九州地方の大親分で、心の正しい人間には味方するが、悪人には容赦をしない。

大峰山前鬼坊

奈良県大峰山の守護神。もとは修験道の開祖・役小角に従った夫婦の鬼で、後に夫の前鬼は天狗となって、山の警護をまかされた。

鞍馬山僧正坊

京都市の鞍馬山に古くからすみつく天狗。鞍馬天狗、あるいは護法魔王尊ともよばれ、牛若丸に剣術を伝授したことで有名。

山の妖怪

比良山次郎坊

滋賀県大津市の比良山に祀られた天狗。もともとは比叡山にいたが、法力に優れる延暦寺の僧侶に追いやられ、比良山に引っ越した。

飯綱三郎

長野県長野市の飯綱山の天狗。山で修行をする修験者たちの守護神で、鼻は高くはなく、烏天狗の姿をしている。

八つの頭と八つの尾を持ち 背中に樹木を茂らす

日本神話に登場する伝説の大蛇。八つの谷、八つの尾根にまたがるほどの巨大さで、苔むした体には桧や杉が生える。胴体には八つの頭と八つの尾があり、目はホオズキのように赤く、腹は常に爛れて血が流れていたという。

神話では、高天原を追放された素戔嗚尊が、出雲の斐伊川の上流に降り立ったとき、そこに暮らす老夫婦から、娘を生け贄として八岐大蛇に差し出さなくてはならない話を聞く。そこで素戔嗚尊は、八岐大蛇に酒を飲ませ、酔って倒れたところを剣で退治。それ以来、八岐大蛇が現れた話はない。

名前	八岐大蛇
出没場所	島根県の斐伊川上流
出没時期	時間や季節に関係なく出没
発見時期	神話時代
レア度	
危険度	

山の妖怪

オレサマ八岐大蛇
頭が八つもアル

どの頭もお酒ダイスキ
お酒！

イッパイ飲んで酔っ払う

酔っ払ったらいつもからまる

小鬼のような姿をしたものや山を動かす巨人タイプも

　人の言葉に逆らい、口まねや物まねをして人間をからかうのが大好き。一般的には小鬼のような姿とされるが、巨人のようなものもいる。巨人タイプの天邪鬼は、人間をからかうより、山を作ったり、山と山とを結ぶ石橋を作ったりすることを好む。ただ、せっかくの大仕事も、失敗に終わることが多かった。
　一説に、天邪鬼の先祖は、天稚彦という神様と家来の天探女なのだという。天稚彦と天探女は、地上の悪神を服従させる命令を天の神より受けていたのに、従わずに反抗した。天の邪魔をした神様が、やがて天邪鬼になったというわけだ。

名前	天邪鬼
出没場所	全国各地の山や人里
出没時期	時間や季節に関係なく出没
発見時期	神話時代
レア度	●●●
危険度	●●●

山の妖怪

オレ様は天邪鬼　なんでも逆の嘘を言う　これも嘘かもな！

でここにお菓子がある　オレはお菓子が嫌いだ　大嫌いだ！

じゅる

だ…　大嫌いだ…

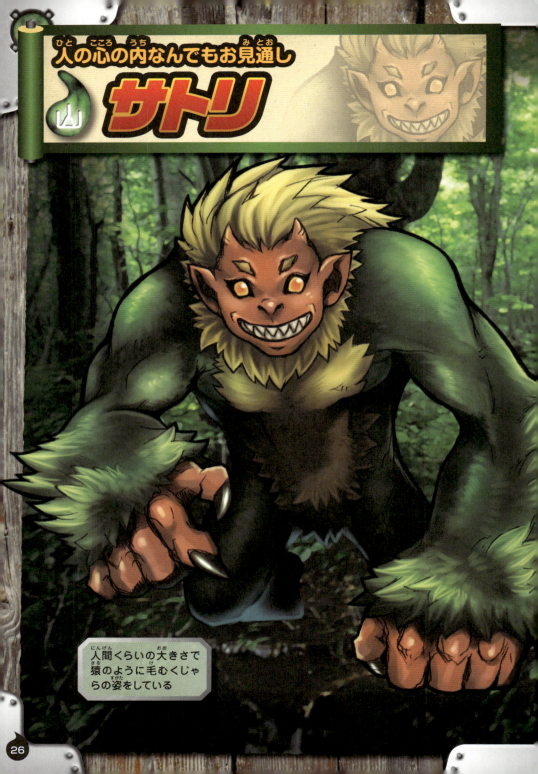

山の妖怪

予期せぬ事故でしか退散させることができない厄介な妖怪

現れるのは夜の山小屋。猟師や木こりが一人で火を焚いていると、小屋に来て「今、お前は恐ろしいと思ったな」などと、人の心を読み取る。そうやって人を悩ませ、すきあらば襲おうとする。

火の中の炭がはぜるなど、偶然による攻撃でしか追い払えない。

正体は、天狗や狸とされることもある

話さなくとも相手の考えがわかる能力のことをテレパシーという。今でも世界各国で科学的な研究が行われている超能力だ。

名前	サトリ
出没場所	全国各地の山
出没時期	主に夜
発見時期	江戸時代
レア度	
危険度	

人が思ったことを読み取るので、思いの魔物ともよばれるんだ

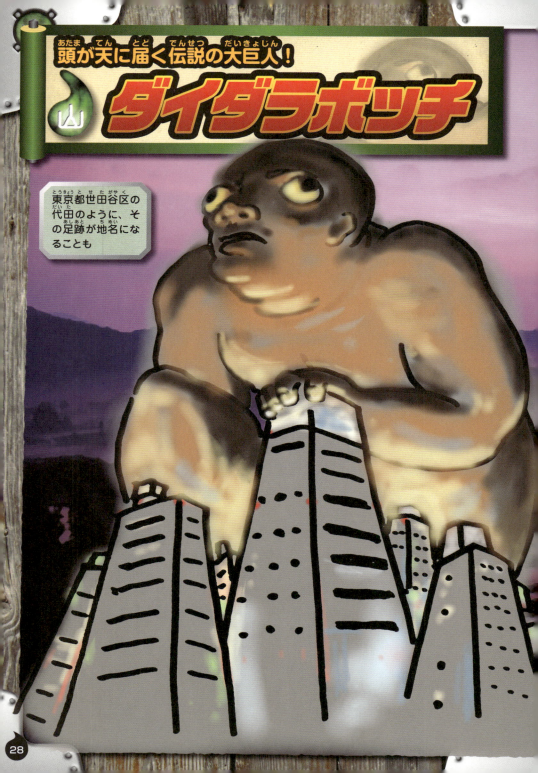

頭が天に届く伝説の大巨人!
ダイダラボッチ

東京都世田谷区の代田のように、その足跡が地名になることも

土木工事に熱中！高い山を作るのに情熱をかたむける！

足跡が池や窪地になるほどの巨人。高い山を作ることが好きで、富士山を作ったときには、掘った穴が琵琶湖になった。人を襲うものもいるが、ほとんどは優しい性格で、茨城県には土地の人々のために山を動かして日当たりをよくした話がある。

山の妖怪

頭が雲を突き抜けるほど大きな図体をしている

巨人が山や湖を作ったという伝説は日本各地にある。君の住んでいる地域にもないか調べてみよう。

名前	ダイダラボッチ
出没場所	本州の野山、人里
出没時期	時間や季節に関係なく出没
発見時期	奈良時代
レア度	
危険度	

デエデエボウ、デンデンポメ、ダイトウボウシなんて名前もあるよ

未確認生物？ 古代から伝わる幻の怪蛇
ツチノコ

大きさは三十センチから一メートルほど。頭だけが妙に大きい

移動するときはコロコロとした体型を利用

胴が短く、木槌のような形をしていることから〝槌の子〟の名がある。古くは野槌ともよばれ、人前に転がり出ては噛みつくという。

転がったりジャンプしたりと、普通の蛇とは異なる特徴を持ち、毒蛇だともいわれるが定かではない。

山の妖怪

バチ蛇（秋田県）、槌転び（鳥取県）と、土地ごとに別の名前がある

ツチノコを未発見の新種の蛇だと考える人たちもいる。彼らにとってのツチノコは妖怪ではなくUMA（未確認生物）だ。

名前	ツチノコ
出没場所	全国各地の野山
出没時期	春から秋にかけて
発見時期	平安時代
レア度	
危険度	

東北から九州地方と、目撃例は全国的！

31

ピョンピョンと山中を飛びまわる一本足の鬼神

一本だたら
いっぽんだたら

奈良県の伯母峰峠のように、十一月二十日だけ出現するという土地が多い

紀伊半島でさまざまな特徴が語られる謎の多い妖怪

紀伊半島の山中に出没する一本足の妖怪で、雪の日に一本足の足跡を残す。出没する土地で特徴が異なり、一つ目一本足の鬼神が十二月二十日だけ出現して人を襲うとか、電信柱に目鼻をつけたような姿で、くるくると宙返りをしているなどといわれる。

山の妖怪

大猪の霊、古猫や馬の幽霊が、一本だたらの正体だという土地もある

タタラとは昔の製鉄法のことだ。アニメ映画『もののけ姫』には、タタラの技で鉄を作る人々が登場する。

名前	一本だたら
出没場所	紀伊半島の山
出没時期	主に冬
発見時期	江戸時代
レア度	●●●
危険度	●●●

いろいろな特徴が語られるけど、一本足ということは共通しているよ

正体はこの世に現れた餓鬼道の亡者
餓鬼憑き がきつき

餓鬼道の亡者だけでなく、餓死者の霊が正体のこともある

ひだる神と同じで、姿を見せることはない

餓鬼憑きに憑かれたら食べ物を食べること！

取り憑かれると飢え死にしそうな苦しみが

餓鬼とは仏教でいう餓鬼道に堕ちた亡者のこと。どういうはずみか、餓鬼がこの世に出現すると、姿を見せずに人間へ取り憑こうとする。餓鬼に憑かれた者は急に飢餓感を覚え、倒れてしまう。ひだる神（P40）と同じで、なにか食べ物を食べれば退散する。

名前	餓鬼憑き
出没場所	全国各地の野山、人里、水辺
出没時期	時間や季節に関係なく出没
発見時期	平安時代
レア度	●
危険度	●●●●

腕が鎌になった凶悪な魔獣
鎌鼬 かまいたち

山の妖怪

鎌鼬がねらうのは人間の腰から下なので、素足を出している人は要注意

鎌鼬は、とくに雪国に多く現れるそうだよ

風のように移動することから、姿を目にすることはほとんどない

旋風とともに現れ
あっという間に深い傷を負わせる

とくに冬場の寒い時期に出現し、旋風に乗って人間に近づくと、鎌状になった手で気がつかれないように傷をつける。鎌鼬の傷は鋭い刃物で切ったような傷で、はじめは痛くないが、後に激しい痛みと大出血をともなう。足を露出した人がねらわれる。

名　前	鎌鼬
出没場所	北海道、本州、四国の野山
出没時期	主に冬
発見時期	江戸時代以前
レア度	●●
危険度	●●●●

35

赤ん坊のように見えてもじつは年老いた爺!?
子泣き爺　こなきじじい

子泣き爺は、徳島県三好市や美馬市の山に現れたそうだ

赤ん坊の泣き声を出す爺だが、人間をだますため赤ん坊に化けている

赤ん坊の泣き声で人間をおびき寄せ最終的に命を奪う

しがみつく力はものすごく、振り払うことは不可能

赤ん坊の泣きまねを得意とする爺の妖怪。深山に人が来ると赤ん坊に化け、しきりと泣き声をあげる。心配した人が抱き上げると、いきなりしがみついて離れず、しかも体重がどんどん重くなる。しがみつかれた者は、やがて押しつぶされて死んでしまう。

名　前	子泣き爺
出没場所	徳島県の山
出没時期	時間や季節に関係なく出没
発見時期	江戸時代
レア度	🔥🔥🔥
危険度	🔥🔥🔥

神話にも登場するツチノコの旧タイプ
野槌（のづち）

長さは一メートルほど。寸胴で、持ち手のない木槌のような姿

野槌もツチノコも槌型をした蛇。つまり同じ仲間ということだ！

中部、近畿、四国では、ツチノコの別名としても知られる

野山に出没する怪蛇はもともと野や草を司る神様だった

古くから野山にすみつく怪蛇。神話には野や草を司る萱野姫という神様の別名として記される。江戸時代には紀伊半島の川や滝の側によく現れ、坂を転がってきては人の足に噛みついた。ツチノコの別名ともされるが、歴史的にはこちらの名前の方が古い。

名前	野槌
出没場所	全国各地の野山
出没時期	春から秋にかけて
発見時期	神話時代
レア度	●●●
危険度	●●●

夜道にいきなり現れる謎の襖
野襖 のぶすま

山の妖怪

家にあるような襖そのものが現れるわけではない

岐阜の山間部では、狸が路上に襖を張るイタズラをするそうだ

似たような妖怪には、福岡県や大分県の塗り壁がいる

すり抜けようとしても上にも横にもずらっと壁が！

夜道で、突然目の前に襖のような壁を出現させる妖怪。上下左右に延々と襖が伸びているので、脇をすり抜けようとしてもムダ。こんなときには、落ち着いて気を静めると、自然と消える。壁そのものが妖怪なのか、別に本体がいるのかはよくわからない。

名前	野襖
出没場所	高知県の山
出没時期	主に夜
発見時期	江戸時代
レア度	●●●●
危険度	●

39

取り憑かれると急にひもじくなる！
ひだる神（ひだるがみ）

〝ひだる〟はひもじいと同じで、空腹という意味だ

ひだる神に憑かれたら、なにか食べ物を口にすれば、退散する

ダリ仏、ダル、タニ、ダニ、ダラシ、ヒムシ、ヒンドと別名が多い

神とはいっても正体は餓死者の霊
姿を見せずに忍び寄る！

姿は見せず、峠の辻や行き倒れの人が死んだ場所にいて、通行人に取り憑く。憑かれた者は急に空腹感を覚え、一歩も歩けなくなる。ひどい場合はそのまま死んでしまう。
成仏できない餓死者や横死者の霊が、このひだる神になるという。

名前	ひだる神
出没場所	主に西日本の野や山道
出没時期	時間や季節に関係なく出没
発見時期	平安時代
レア度	🍎
危険度	🍎🍎🍎🍎

40

年久しく山中にすみついた老婆の妖怪
山姥 やまうば

山の妖怪

ボロボロの服をまとっている。たまに身なりのきれいな山姥もいる

人を襲う凶暴な山姥は、昔話に登場することが多いみたいだ！

よぼよぼの老婆だが、眼光は鋭く、ものすごい怪力の持ち主

人を襲って食べるものもいれば福を与える優しいものも

人も通わぬ山中にひっそりと暮らす老婆の妖怪。山に迷いこんだ人を襲う恐ろしいものや、民家を訪ねて糸紡ぎを手伝うものなど、いろいろな性格の山姥がいる。たまに人里へ下りて買い物をするが、山姥が支払ったお金を持っていると金持ちになるという。

名前	山姥
出没場所	全国各地の山や人里
出没時期	時間や季節に関係なく出没
発見時期	平安時代
レア度	●●
危険度	●●●●

41

一つ目一本足で現れる山中の怪人
山爺（やまじじ）

- 顎の力は強力で、猿などは大根をかじるようにして食べてしまう
- 身長は一メートル前後で、一本足。全身に灰色の短い毛が生えている
- 目は片方だけ小さいので、遠くからだと一つ目に見える
- 山爺の自慢は大きな声。その声は木の葉が落ち、石が動くほど！

大声が自慢の山爺対策には鉄砲などの大きな音

高知県や徳島県の山中にひそむ老人姿の妖怪。山おじ、山父ともいう。人を襲う恐ろしい性質がある反面、人懐っこいところもあり、自慢の大声を披露したくてよく猟師に大声勝負を挑む。そんなときは山爺の耳元で鉄砲を打てば、恐れ入って退散する。

名前	山爺
出没場所	四国の山
出没時期	時間や季節に関係なく出没
発見時期	江戸時代以前
レア度	🔥🔥🔥
危険度	🔥🔥🔥

吹雪の晩、山道にたたずむ怪しい女
雪女 ゆきおんな

小正月の夜や冬の満月の夜など、出没する日が決まっている土地も

透き通るくらいに白い肌をしているというのが一般的な説

雪の精霊、吹雪で行き倒れになった女の霊と、正体については諸説ある

夜の雪山には注意が必要！出あっただけで殺されることも

雪の降る晩や吹雪の日に現れ、山道にたたずんでいる。岩手県や宮城県の雪女は出あった者の精気を抜き、新潟県では旅人を凍死させたり、子供ならば生き肝を取って殺したりするという。雪女だとわかったら、無視して通り過ぎればよいという土地もある。

名前	雪女
出没場所	全国各地の雪山
出没時期	雪の降る季節
発見時期	室町時代
レア度	🔥
危険度	🔥🔥🔥🔥🔥

いきなり山中に現れてゲラゲラ笑う若い女
笑い女 わらいおんな

山の妖怪

> 見た目は若い娘のよう。土地によっては姿を見せずに笑い声だけするともいう

> 笑い女の笑い声は、一生耳について離れないこともあるんだ！

> 正体は不明だが、高知県高岡郡梼原町では狸のイタズラだとされている

笑い声にさそわれて、うっかり笑い返すと大変な目にあう

高知県の山に出没する怪女。見た目は普通の若い女で、人を見つけるとゲラゲラと笑いかける。すると、笑われた人も急に可笑しくなり、笑い女が去ってもしばらく笑いが止まらなくなる。笑い女に笑われると、熱病にかかるという。

名前	笑い女
出没場所	高知県の山
出没時期	時間や季節に関係なく出没
発見時期	江戸時代
レア度	🔴🔴🔴🔴
危険度	🔴🔴

妖怪コラム
山に現れる妖怪たち
鬼と天狗の秘密に迫る！

鬼と天狗の秘密ってなんだ!?

鬼のミイラは実在の証拠!?

鬼の実在をしめすように、鬼のミイラが各地の寺院に保存されていることがある。大分県宇佐市四日市の大乗院にも、身長二メートルもの鬼のミイラが！

ところが、九州大学でこのミイラを調査した結果、人骨をもとに動物の歯や骨を組み合わせて作ったものだと判明した。おそらく見世物小屋で使われたものなのだろう。

大乗院に祀られた鬼のミイラ。巨大な頭骨と三本指の手が異様だ

じつは、ほかの土地に伝わる鬼のミイラも、ほとんどが作り物だということが分かっている。つまり、ミイラがあるからといって、鬼がいた証拠にはならないのだ。ちなみに、大乗院のミイラは、作り物だと判明しても、地元では〝鬼さん〟の名前で親しまれ、今では御利益のある神様として祀られている。

天狗が行者風の衣装を着ているのは、修験道の影響から

天狗は妖怪なのか、神様なのか？

　平安時代から盛んになった修験道（山岳での修行を通して悟りを得る宗教）では、修行をする山にはかならずその山の精霊を祀って、修行者の安全を願った。その精霊こそ、「〜坊」とよばれる天狗になる。

　山の精霊は山の神様といってもいい。山の神様は、山の幸を恵んでくれる一方で、気にくわないことがあると災害を起こす恐ろしい面があるのだ。

　天狗が山の守護神でありながら悪さを働くのは、こうした山の神様の二面性に由来するようだ。ちなみに、人間にイタズラをするのは身分の低い天狗たちで、名のある天狗はそういうことはしない。

妖怪学校

妖怪のこと、アレコレいろいろ勉強しよう！

一時間目　国語

1 百目鬼の読み方、覚えたかな？

どうめき。ひゃくめき、じゃないから注意が必要だ。名字（上の名前）が「百目鬼」という人もいるんだよ！

2 ひだる神の"ひだる"ってなに？

「おなかがすいた」という意味の古い言葉だよ。地方によっては今でも使うよ。

3 鵺が出てくる日本の古い物語の名前は？

13世紀頃に生まれた軍記（武士の戦いを題材にした物語）『平家物語』だよ。中学校で勉強するよ。

4 オッケルイペは何語？

アイヌ語。北海道に住むアイヌ民族固有の言葉だよ。

5 座敷わらしの「わらし」、漢字ではどう書く？

童子と書くよ。童という漢字は児童のドウと同じで、子供という意味。山童の場合は「わろ」と読むよ。

できたかな？つぎは算数（P82）だぞ！

第2章 海・川の妖怪

海なら浜、磯、沖合。川なら渓流、清流、河口と、同じ海・川でも、妖怪たちにはすみわけがある。また、小豆洗いや川姫のように、水中ではなく、水辺を好んでうろつく妖怪たちもいる。

それぞれすみやすいところがあるぞ！

海・川の妖怪

小さな体でも力は強力
人間どころか牛馬も引きまわす

河川、湖沼、海といった場所にひそむ妖怪。裸の子供のような姿で、ヌメヌメとした肌の両生類のようなタイプと、全身に毛が生えた猿のようなタイプがいる。小さい姿のわりには力が強く、凶暴な性質のものがほとんど。尻子玉（肛門近くにあるとされた想像上の臓器）をねらって人間を襲い、牛や馬を見ると水中に引きずりこむ。

西日本には、秋に山へ入って山童（P43）という別の妖怪に変身する河童がいて、春には川へ戻り、再び河童になるという。キュウリやナスなどの夏野菜が好きとか、相撲が大好きということは、ほぼ全国で共通している。

名前	河童
出没場所	全国各地の水辺
出没時期	冬はあまり見かけない
発見時期	室町時代
レア度	●
危険度	●●●

ボクは河童
川なんかに住んでます

頭のお皿がとても大事で
乾いたり割れたりすると大変です

しかし
たまには日向ぼっこもするのですが

うっかり乾いてたらお水下さい

53

ガラッパ

鹿児島県でいう河童。薩摩川内市あたりでは普通の河童と変わらないが、トカラ列島の悪石島のガラッパは特徴が異なる。手足が長くて座ると頭よりも膝頭が高くなり、いつも涎をたらしていて生臭い。

ドチロベ

岐阜県の加茂郡や美濃加茂市でいう河童。ドチロンベ、ドチガメとも。ドチとはスッポンのことで、これがおかっぱ頭の河童に化け、子供をだましては川へ連れて行き、溺れ死にさせる。

カブソ

石川県の能登半島では、河童のような妖怪を、カワソとかカブソとよぶ。これは川獺のことらしく、狐狸と同じで化けたり化かしたりするという。ただ、尻子玉をねらうとか相撲が好きなど、河童と同じ特徴が語られる。

各地に伝わるいろんなタイプの河童がせいぞろい！

北は北海道、南は沖縄と、全国に出没する妖怪・河童。その姿や名前は各地でばらつきがあり、特徴もまったく同じではない。

ヒョウズンボ

宮崎県あたりでいう河童。ヒョウスベともいう。春と秋の彼岸になると、ヒョウヒョウと鳴きながら川と山とを行き来（山童に変身するため）することから、この名前がある。身軽で足が速いという。

遠野の河童

岩手県遠野市あたりに出没する河童の特徴は、赤い顔をしているということ。一見すると人間の子供のようにも見えるが、猿のようでもあるという。同じ岩手県内の河童とは明らかに異なる特徴を持っている。

海・川の妖怪

海・川の妖怪

水の神様として祀られるが有害な悪い龍もいる

龍神といって、水の神様として祀られる霊獣だが、人や牛馬を襲う有害な龍もいる。大抵は河川の淵、あるいは湖沼に主としてすみつき、水中の生物や河童のような妖怪を従えている。

もともとは古代中国生まれで、五千年以上前から神様として崇められてきた。日本へは弥生時代頃に渡来し、人々は水を司る霊獣として、雨を願ったという。平安時代には、京の都にある神泉苑が龍のすみかとされ、よく雨乞いが行われた。

このほか、精巧な龍の彫刻を作ると、龍が乗り移って夜な夜な暴れるという伝説が、各地の神社仏閣に伝わっている。

名前	龍
出没場所	全国各地の水辺
出没時期	時間や季節に関係なく出没
発見時期	弥生時代
レア度	★☆☆☆☆
危険度	★★★★☆

ワシは龍
いろいろ凄いので崇められる存在じゃ

さてそんな凄くて寛大なワシにも許せんことがあったりする
それは逆鱗に触れること

逆鱗とはワシの鱗の一枚が何でか逆さまに生えてしもとる
これがまた触ると痛い

思いだしただけで腹立つくらいもの凄く痛い！

57

巨体を現して襲うほか美女に化けてだますことも

海・川の妖怪

西日本各地でいう、牛のような姿をした鬼。もしくは頭が牛で、体が鬼だともいう。性質はかなり凶暴で、人をみつけると襲いかかるものがほとんど。
沿岸部では海に、山間部では淵や滝にひそむようで、四国や近畿地方には、牛鬼淵や牛鬼滝という名の淵や滝がいくつもある。九州や中国地方では海中から出現し、多くは漁師がねらわれた。
また、女性に化けるのを得意としていて、よく美女になって人間をだます。
鳥取県や島根県では、雨降りの晩、怪しい小さな火が体にまとわりつくことがあり、その怪しい火を牛鬼とよぶこともある。

名前	牛鬼
出没場所	西日本の水辺や山
出没時期	時間や季節に関係なく出没
発見時期	平安時代

オレサマ牛鬼
すっげー恐ろしい妖怪サマだ

しかしそんな恐ろしいオレサマ
美女に化けられる！
ポワン

何だ
すんげー美女だろ！？

自分と同じ運命にあわせるために海底から姿を現す

海で遭難した者の霊は、成仏できないと船幽霊になって、生きている者を仲間に引き入れようとする。たいていは、嵐の晩や霧がかった海に幻の船を出現させ、幽霊である乗組員が柄杓を貸せと言ってくる。言葉通りに貸し与えると、たちまち水を入れられて船を沈められてしまう。そのため、船には底を抜いた柄杓を用意するものだといわれている。また、海上に幻の船だけが現れることがあり、それを本物の船だと思っていると、思わぬ事故を起こす。

海に出ることが多いが、舟運が盛んだった河川や湖沼にも出現することがある。

名前	船幽霊
出没場所	全国各地の海、河川、湖沼
出没時期	主に夜。お盆の夜は出やすい
発見時期	江戸時代
レア度	
危険度	

海・川の妖怪

わしは船幽霊
趣味は船を沈めること

どうやって沈めるかって
この柄杓で船に水をどんどん入れてやるのよ

こんなふうにこうやって…
……

すんごい時間かかるんだけどね!
ゼェゼェ

水辺で小豆を洗うような音を立てる
小豆洗い　あずきあらい

- 小豆磨ぎ（山口県）、小豆さらさら（岡山県）と別名が多くある
- 島根県の出雲地方には、人さらいをする小豆洗いの話もある
- 洗うのがなぜ小豆なのか、謎は解明されていないそうだよ
- 江戸時代の『桃山人夜話』という本では、小柄な老人姿で想像された

海・川の妖怪

小川のせせらぎとともに小豆を洗う音が聞こえたら……

姿を見せず、川辺や井戸端などで小豆を洗う音を立てる。ときには長野県佐久地方の小豆洗いのように、「小豆磨ぎやしょか人取って食いやしょか、しょきしょき」と歌をうたうこともある。ただし、実際に取って食われた話は聞かないので、近くで音を聞いている人間を脅かしているだけと思われる。

正体を小動物だとする土地が多く、鼬が尻尾で立てた音だとか、蝦蟇どうしが背中を擦り合わせて出した音だなどと言うが、目撃者がいるわけではなく、詳しいことは不明。関東地方では、小豆とぎ婆さんや小豆婆といって、婆の妖怪としている。

名前	小豆洗い
出没場所	全国各地の水辺
出没時期	主に夜
発見時期	江戸時代以前
レア度	●●
危険度	●

「ワシは小豆洗い いつも小豆を洗っとる」

「小豆磨ぎやしょか人取って食いやしょか しょきしょき」って歌があるが

確かに小豆は磨いじょる

人なんか食わんし小豆の方が美味いに決まっちょるし ヘンな歌〜

突然海中から現れて予言をするだけの妖怪
アマビエ

その姿と出現記録は、弘化三年（一八四六）の瓦版に書かれている

体は鱗でおおわれているよ。

農作物の豊凶を予言し流行病を治す能力を持つ

江戸時代に一度だけ出現したことが確認されている。夜の海で役人の前に姿を現し、「今から六年間は豊作だが、もし流行病が出たら私の姿の写し絵を人々に見せよ」と言って、再び海中に姿を消した。アマビエの姿絵を見れば、病気が治るという。

海・川の妖怪

長い髪の毛を垂らし、くちばしを持った人魚のような姿

仲間の妖怪にアマビコがいる。カタカナの「エ」と「コ」は似ているので、アマビエは書き間違えではないかという説もある。

名前	アマビエ
出没場所	熊本県の海
出没時期	夜
発見時期	江戸時代
レア度	●●●○○
危険度	●○○○○

人魚も災いを予言することがあるから、その仲間かもね

海・川の妖怪

襲われなくても姿を見るだけで不吉なことが

沖合に出没する真っ黒な大入道。上半身を海面に出し、船をひっくり返したり、船乗りを海中に引きずりこんだりする。姿を見ただけでも、不吉なことが起こる。土地によっては、海坊主だと気づいたら、声を出さずに無視すれば被害にあわないともいう。

お盆、月末、大晦日が、とくに出現しやすい期間

西洋にも海にシーモンクという妖怪がいるが、シーは海で、モンクとはキリスト教の僧侶のこと。意味が似ていておもしろい。

名前	海坊主
出没場所	全国各地の海
出没時期	主に夜。お盆の夜は出やすい
発見時期	江戸時代
レア度	
危険度	

美女に化けて人間に近づく海坊主もいるぞ！

変化能力を持つ大きな岩魚が正体
岩魚坊主 いわなぼうず

変化の能力は高く、僧侶に化けても見破られない

化ける前の岩魚は、体長一メートルを超えるという

山女魚や鰻も仲間を救うために僧侶に変身することがあるぞ

仲間を助けるため僧侶に化け
人間をひたすら説得した

深山の渓谷にいる大岩魚。毒を使って沢の魚を根こそぎ捕る漁をすると、僧侶の姿に化けて現れて、殺生をやめるよう説得しに来る。僧侶に食べ物を与えて帰らせたあと、再び漁をすると、先ほど僧侶にあげた食べ物がつまった大岩魚が捕れた話がある。

名前	岩魚坊主
出没場所	岐阜県の渓谷
出没時期	時間や季節に関係なく出没
発見時期	江戸時代
レア度	●●●
危険度	●

難産で命を落とした女性が妖怪に
産女 うぶめ

海・川の妖怪

赤ん坊の重さに耐え抜くと、お礼に怪力を授かることもあるようだ

白い着物姿の場合が多く、腰から下が真っ赤な血で染まっている

赤ん坊だと思っていたら、石や木槌だったという話もあるぞ

赤ん坊を抱かせるため夜の川辺や四つ辻に出現する

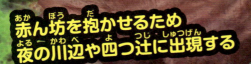

正体はお産で命を落とした女性の霊。赤ん坊を抱き、腰から下が血で染まった着物姿で、川辺や辻などに出現。夜道を行く者に赤ん坊を抱いてくれとたのみ、そのまま姿を隠す。すると、抱いた赤ん坊はだんだんと重くなり、しまいには重さで殺されてしまう。

名前	産女
出没場所	全国各地の川辺や辻
出没時期	主に夜
発見時期	平安時代
レア度	
危険度	

岩のような大きさまで成長した蝦蟇
大蝦蟇 おおがま

口を開けると、すさまじい吸引力で小動物も吸いこんでしまう

目や口を開けないと蝦蟇だとは気がつかないほど大きい

岩のふりをして獲物を待ち
近づく小動物を口で吸引

大蝦蟇にもなると、蝦蟇の天敵とされる蛇まで食べてしまうんだ！

山中の水辺にひっそりと暮らす巨大な蝦蟇。岩と見間違えるほどの巨大さで、めったなことでは動かず、近づいた虫や小動物を吸いこんで食べる。新潟県にいた大蝦蟇は畳三帖分もの大きさで、岩だと思って座った釣り人があわてて逃げ出した話がある。

名前	大蝦蟇
出没場所	全国各地の水辺、野山、人里
出没時期	冬場はあまり出ない
発見時期	江戸時代
レア度	●●
危険度	●●●

蜃気楼を出現させる巨大な蛤
大蛤 おおはまぐり

海・川の妖怪

- 普通の蛤の数十倍の大きさ
- 蜃と名づけられた龍の一種も蜃気楼を吐くが、大蛤とは無関係
- 昔は蜃気楼に惑わされる船頭もいたそうだよ

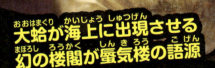

大蛤が海上に出現させる幻の楼閣が蜃気楼の語源

年を取って巨大に成長をした蛤を、蜃という。そこまで大きくなった蛤はある種の気体を吐き、海上に幻の楼閣（階を重ねた高い建物）を出現させる。それが蜃気楼なのだという。蜃気楼のことを貝櫓ともいうが、これも大蛤が出現させる建物という意味。

名前	大蛤
出没場所	日本各地の海中
出没時期	冬から春に多く出現
発見時期	室町時代
レア度	
危険度	

71

髪洗い婆 かみあらいばばあ

雨降りの川で頭を洗う不気味な老婆

頭が真っ白の婆さんで、パッと見は普通の老婆と変わらない

なぜ川で髪の毛を洗っているのか、まったく意味のわからない妖怪だ

髪を洗う音で、人を怖がらせるのが目的なのかもしれない

ただ、ジャボンジャボンと音を立てて白髪頭を洗うだけ

愛知県新城市日吉の川に出現。雨の降る夕方、川の近くを通ると、白髪の老婆がジャボンジャボンと音を立てて髪を洗う。目撃者が気味悪いだけで、害はない。同じ場所で美しい黒髪の女が髪をくしですいていることもあるが、髪洗い婆との関係は不明。

名前	髪洗い婆
出没場所	愛知県新城市の川
出没時期	雨降りの夕方
発見時期	昭和時代
レア度	●●●
危険度	●

川姫 かわひめ

川辺に出現する怪しげな美女

海・川の妖怪

> 高知県檮原町にも、人を小馬鹿にする川姫が出現するぞ

> 誰もが見とれるほどの美女。その美貌で男をねらい、精気を奪う

> 中津市の川姫は、川の水面をさらさらと歩けるほど身軽

水辺の美女に心を奪われると精気を抜かれてしまう

福岡県築上郡、大分県中津市の川辺に現れる怪しい美女。水車小屋などの陰にたたずみ、自分の姿を見て心を動かした男がいると、その精気を抜く。中津市の川姫は、川の水面を歩いたり、川から橋の上に飛び移ったりと、驚くほど身軽な美女だという。

名　前	川姫
出没場所	福岡県、大分県、高知県の川
出没時期	主に夜
発見時期	江戸時代
レア度	🔥🔥🔥
危険度	🔥🔥🔥

七人みさき (しちにんみさき)

七人一組で行動する恐ろしい憑き物

> 浮かばれない霊の多くは、溺れ死んだ者とも言われている

> 七人一組の集団亡霊だが、その姿が人の目に見えることはない

> 似たような妖怪を香川県では七人同行とよんでいるんだ

一人殺すと一人が成仏 永遠と続く負の連鎖

高知県を中心とした四国地方の憑き物。川や磯といった水辺で人間に取り憑く。憑かれた者は大熱を出し、最悪の場合は命を落とす。正体は浮かばれない七人の霊で、人を一人殺すと一人が成仏でき、殺された者の霊が新たな七人目として加わる。

名前	七人みさき
出没場所	四国地方の水辺
出没時期	時間や季節に関係なく出没
発見時期	安土桃山時代
レア度	●●●
危険度	●●●●

美しい女性に化けるのが得意
女郎蜘蛛 じょろうぐも

海・川の妖怪

山の中に出没する女郎蜘蛛もいて、廃屋で美女に化け、人を襲う

水中では美しい女の姿でいることが多い。水中で機織りをしていることも

女郎蜘蛛がいる滝では、静岡県伊豆半島の浄蓮の滝が有名！

小さな蜘蛛の糸を使って強引に水中へと引きこむ

人気のない滝や淵にひそみ、釣り人や木こりなど、近づく者を水中に引き入れて命を奪う。はじめは水中から小さな蜘蛛を出して、人間と水中との間を行き来させて糸をつなぐ。その後、本体である女郎蜘蛛が、水中へと引きこむ——という手口が一般的。

名　前	女郎蜘蛛
出没場所	全国各地の滝や淵、山中の廃屋
出没時期	時間や季節に関係なく出没
発見時期	江戸時代
レア度	●●●
危険度	●●●●

75

波小僧 なみこぞう

波の音で天気予報をしてくれる

身長は人間の親指ほど

波小僧の音が東南から聞こえたら雨、南西から聞こえたら晴れるそうだ

海で暮らす河童の一種ではないかという説もある

暮らしに役立つ天気予報は妖怪からの恩返し

静岡県の遠州灘に暮らす小さな妖怪で、雨を自由に降らす能力を持つ。昔、人間に助けられたことから、波の音（海鳴り）で天気予報をしてくれるようになった。遠州地方では、その波の音のことも波小僧とよび、身近な天気予報として親しんできた。

名前	波小僧
出没場所	静岡県遠州地方の海
出没時期	時間や季節に関係なく出没
発見時期	江戸時代
レア度	🍅🍅🍅
危険度	🍅

人間と魚を合成したような姿
人魚 にんぎょ

海・川の妖怪

上半身が人間で下半身が魚という姿が一般的

近畿地方では、河川の淵や池に人魚がすむことがある

良いことも悪いことも
何事かが起きる前に姿を現す

人魚は世界的に分布するけど、肉を不老不死の薬とするのは日本だけ

上半身が人間で下半身が魚という姿をした妖怪。古くは国家規模での喜ばしいことを予言するように出現したが、時代が下るにつれ悪いことが起きる前触れとして姿を現すようになった。八百比丘尼伝説のように、その肉は不老長寿の妙薬とされている。

名　前	人魚
出没場所	全国各地の海や河川、湖沼
出没時期	時間や季節に関係なく出没
発見時期	飛鳥時代
レア度	●●●
危険度	●●

頭からつま先までびしょ濡れの怪女
濡れ女 ぬれおんな

長い髪の毛や衣服がびしょ濡れになった姿で現れる

産女（P69）のように赤ん坊を抱いてくれという濡れ女もいるぞ

濡れ女子、濡れ嫁女ともいう。磯にいる磯女も同じ仲間

さびしい海岸にびしょ濡れの姿でたたずんでいる

全身ずぶ濡れになった姿で、海辺にたたずむ怪女。大抵は気味が悪いだけだが、人を襲う場合もある。見かけても無視するのが一番で、愛媛県宇和島市あたりの濡れ女は、人を見るとニタリと笑う。つられて笑い返すと、ストーカーのようにつきまとわれる。

名前	濡れ女
出没場所	西日本の海辺
出没時期	夕方から夜にかけて
発見時期	江戸時代
レア度	🍅🍅
危険度	🍅🍅

水を司る古い時代の水の神様
ミヅチ

海・川の妖怪

毒気は口から吐くのか、全身から発しているのか、そのあたりは不明

変身能力もあり、高梁川のミヅチは鹿に化けて笠臣の祖、県守に抵抗した

ミヅチと同じ読みの蛟は、龍の一種なので本来は別の妖怪だ

大きな川にひそみ 毒気で人を悩ます

水を司る水神として『日本書紀』に登場。その姿はよくわかっていないが、大蛇のような姿で想像されている。岡山県倉敷市を流れる高梁川にいたミヅチがよく知られており、毒気をまき散らして通行人に害をなすので、笠臣の祖、県守という者に退治された。

名前	ミヅチ
出没場所	全国各地の河川
出没時期	時間や季節に関係なく出没
発見時期	古墳時代
レア度	●●●●●◯◯
危険度	●●●●●◯◯

79

妖怪コラム
海・川に現れる妖怪たち
各地に残る不思議な伝説！

今もそこにいるかもよ！

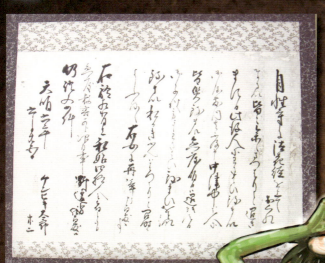

悪さをした河童が書いたお詫びの証文だ

ゴメンなさい…！

河童も言葉や文字を理解

　河童の中には、人の言葉を話すのはもちろん、文字を書くものも。河童はよく牛馬にイタズラをして人間に捕まることがあるが、その際、二度としませんと証文を書かされる。例えば、大分県中津市の自性寺には、ケンヒキ太郎なる河童が書いた詫び証文が蔵されていて、それを見る限り、きちんとした文字や文章が書けることがわかる。

牛鬼がひそむ琴の滝。昼間でもなんとなく不気味

牛鬼がすむ滝が今もある！

紀伊半島や四国には、牛鬼がひそむ淵や滝がいくつも伝わっている。
和歌山県すさみ町の琴の滝も、牛鬼がすむ恐ろしい滝として知られている。ここの牛鬼は人を直接襲うのではなく、人間の影を食べる。食べられた人は、まもなく死んでしまうという。酒が大好きなので、酒を供えてくれる人だけは襲わないそうだ。

川にも出没する船幽霊！

船幽霊のほとんどは海に出没するが、船で荷物を運んでいた時代には、川にも船幽霊が現れた。例えば群馬県高崎市を流れる烏川は、倉賀野城の跡地あたりでL字型に曲がり、昔はその一帯で船がよく事故を起こした。その犠牲者の霊が船幽霊になったのだろう。夜になってから通る船を襲ったという。

船幽霊が出たという烏川のL字になった付近

妖怪のこと、アレコレいろいろ勉強しよう！

妖怪学校

二時間目 算数

1 八岐大蛇の頭の数と九尾の狐のしっぽの数を足すといくつになる？

8＋9で17だよ。

2 七人みさきに一人足したら何人になる？

七人。七人みさきは人が一人加わると一人が抜けるから、7＋1－1で、いつまで経っても七人なんだよ。

3 百メートルを三秒で走るという口裂け女。では、三分あったら何メートル走る？

3分は180秒。ということは、180÷3×100で、6000メートル。つまり、6キロメートルも走るんだ。ちなみに人間の100メートル走の最高記録は9秒58（2014年現在）だから、その3倍以上早いんだね。

4 では秒速百メートルで走る人面犬と口裂け女ではどちらが早い？

秒を分に直すと、1分＝60秒なので、60秒あれば100×60で6000メートル、つまり6キロメートル走ることができる。3分だと18キロメートル走れるので、人面犬の方が早いね。

どっちもすごいスピードだ…！

第3章 特別な場所の妖怪

神社、寺、城、学校といった、特別な場所に現れる妖怪たちも少なくない。意外なことに、妖怪は神様や仏様を恐れるはずなのに、人のいない神社や寺に好んですみつこうとする。

妖怪のいる寺は荒れ寺がほとんど！

特別な場所の妖怪

古代インド、中国を経て日本を滅ぼすために渡来

尻尾が九本にも分かれた狐で、国を滅ぼすことを趣味とする。古代インドでは華陽夫人、中国の殷では妲妃、周では褒姒と名乗る美女に化け、それぞれの国の王に近づいてはその心を奪い、悪政に走らせて国を滅ぼした。日本では玉藻前と名乗って鳥羽天皇（近衛天皇とも）に近づくが、陰陽師により正体を暴かれ、今の栃木県の那須高原に逃れたところを、追っ手の武士に退治された。しかし、その悪霊はこの世にとどまり、今度は殺生石となって近づくものを死にいたらしめたので、玄翁という和尚が金槌で石を打ち砕き、成仏させたという。

名前	九尾の狐
出没場所	京都府、栃木県那須郡那須町
出没時期	時間や季節に関係なく出没
発見時期	平安時代
レア度	
危険度	

わらわは九尾
九尾の狐

どんな相手もメロメロにするこの美貌
どうじゃ美しかろ？

アフン！

……
何歳かって？

目上の乙女に年齢の話は禁句じゃ♥

学校のトイレに出没する女の子の霊!?
花子さん　はなこさん

トイレのノック数やかけ声、花子さんのふるまいは学校ごとに異なる

おかっぱ頭で白いシャツに赤いスカートをはいた姿とするのが多い

大抵は声をかけた者を驚かすだけだが、中には襲いかかる花子さんもいる

花子さんは昭和二十年代には学校のトイレに出没していたそうだ!

特別な場所の妖怪

誰もいないはずの個室から女の子の声が響く

主に小学校のトイレに出没する妖怪で、三番目の花子さん、トイレの花子さんとも呼ばれる。

誰もいないトイレの個室をノックして、「花子さーん」と呼びかけると、「はーい」と中から返事をする。声だけではなく、便器から白い手だけを出したり、おかっぱ頭の少女の姿を現し、声をかけた者をトイレに引きずりこんだりする。

ノックの回数や時間帯など、学校ごとのルールが多数存在し、その正体についても、学校で事故死した少女の霊や、トイレで殺害された少女の霊などと、さまざまに言われている。

名前	花子さん
出没場所	全国各地の学校のトイレ
出没時期	放課後となる午後に多い
発見時期	昭和時代
レア度	🔴🔴
危険度	🔴🔴

私 花子さん
基本トイレに住んでるの

遊びましょうって訪ねて来る人も居たりするんだけど
はーなーこさーん
あーそびーましょ

悩み所でもあるのよね

だってトイレって一緒に遊ぶには狭いんだもの

いじめ殺されたときと同じ姿となって現れる

姫路城下の青山鉄山の屋敷で働いていたお菊は、家宝の皿を割ったことで主人の怒りを買い、木に吊されて暴力を受けたあげく、井戸に捨てられた。その後、お菊の霊は虫となって井戸のまわりに現れるようになった。見た目が気持ち悪いだけで害はない。

特別な場所の妖怪

お菊虫が発生した井戸は、今も姫路城の二の丸にある

昔、姫路の街ではお菊虫がおみやげとして売られていた。志賀直哉の小説『暗夜行路』にそう書かれている。

名前	お菊虫
出没場所	兵庫県姫路市の姫路城内
出没時期	秋ごろに発生
発見時期	江戸時代
レア度	
危険度	

お菊虫の正体は、ジャコウアゲハのサナギなんだとか！

世界遺産の姫路城に巣くう
長壁姫 おさかべひめ

緋の袴に十二単を身に着けることも。老婆姿のときでも高貴な雰囲気が

その姿は老婆だったり神々しい美人だったりする

姫路城の天守閣にすみついた妖怪。普段は姿を見せないが、年に一度の城主との面会や、天守閣に肝試しに来た若者の前では、老婆あるいは美しく着飾った女性の姿で出現する。その正体は、年老いた狐や蛇神だと言われているが、定かではない。

特別な場所の妖怪

気にくわない人間が天守閣に来たときには、巨大化して追い返すことも

福島県にある猪苗代城には、やはり美人の妖怪が住んでいた。名前を亀姫といい、長壁姫の妹だとも言う。

剣豪・宮本武蔵が長壁姫を退治した話もあるんだ

名前	長壁姫
出没場所	兵庫県姫路市の姫路城天守閣
出没時期	時間や季節に関係なく出没
発見時期	江戸時代
レア度	●●●
危険度	●●

正に命がけの問答！蟹坊主が出す難問とは？

沢や沼地付近の荒れ寺にすみつき、旅の僧侶が来ると、夜、不気味な僧侶に化けて問答を仕掛ける。うまく答えられない者には容赦なく、はさみで首を切って殺害。問答の答えは自分の正体である蟹であり、正体を見破った直後に攻撃すると退治できる。

特別な場所の妖怪

巨大なハサミは、人間の首など簡単に切ってしまう

問題を出した相手が答えられなかったら命を奪う妖怪は外国にもいる。古代ギリシアのスフィンクスがそうだ。

名前	蟹坊主
出没場所	全国各地の寺
出没時期	主に夜
発見時期	江戸時代
レア度	
危険度	

川にすむ蟹が僧侶に化けることが多いんだ

めったなことでは姿を現さない霊獣
麒麟 きりん

雄を麒とよび、雌を麟とよぶとする説もある

背の高さは四メートル近く。龍の顔、鹿の体、馬の蹄を持つ

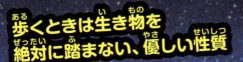

歩くときは生き物を絶対に踏まない、優しい性質

時の権力者が正しい政治を行っているときにだけ姿を現す霊獣。顔は龍、体は鹿、尻尾は牛、蹄は馬に似ていて、頭には角を生やす。群れることはなく、常に一匹で行動。性格は穏やかで、移動するときは、絶対に生きた虫や草を踏まないようにして歩く。

特別な場所の妖怪

麒麟はビール売り場に行けばいっぱいいる。大人にたのんでビールのパッケージを見せてもらおう。ただし、飲むのは二十歳になってからだ。

名前	麒麟
出没場所	中国、日本
出没時期	権力者の政治が正しいとき
発見時期	飛鳥時代
レア度	
危険度	

動物園にいるキリンとは違う、古代中国出身の霊獣だ

穴に隠れすむ巨大な蜘蛛妖怪
土蜘蛛 つちぐも

怪しい術を使うこともあり、源頼光を病気にしたこともあった

京都の土蜘蛛は古い塚に隠れすんでいた

山の洞窟や塚の穴に隠れすむ巨大な蜘蛛で、夜になると這い出て人間を襲う。性質はとても凶暴。平安時代には、荒れ野の塚にいた土蜘蛛が、身長ニメートルもの怪しい僧侶に化けて源頼光を襲ったが、頼光の家来たちに退治されたという話がある。

特別な場所の妖怪

大きさは一メートル以上。日中は洞窟や塚の穴の中に隠れている

家の中で蜘蛛を見ると驚いて怖くなるかもしれないが、じつは害虫を食べてくれるよい虫だ。殺したりしないように！

名前	土蜘蛛
出没場所	近畿地方の荒れ野や人里
出没時期	主に夜
発見時期	平安時代
レア度	★★★★☆
危険度	★★★★☆

源頼光の土蜘蛛退治を描いた『土蜘蛛草紙』という絵巻物もあるぞ！

黒雲に乗った正体不明の妖怪
鵺 ぬえ

夜間に悲しげな声で鳴くトラツグミの声によく似た声を出す

猿、虎、蛇といった動物の部位を合わせたような姿

頭が猿、手足が虎で尻尾が蛇という姿をしている。平安時代には夜な夜な御所の上空に現れ、奇声をあげて天皇を悩ますので、源頼政が退治した。本来の鵺はトラツグミという鳥のこと。つまり頼政が退治したのは、鵺に似た声を出す怪物というのが正しい。

特別な場所の妖怪

猿の頭部に、虎の手足、胴体は狸で、尻尾は蛇

「能」という日本の伝統芸能にも鵺が出てくる話がある。能には妖怪が登場する話が多いから、妖怪好きは要チェックだ。

名前	鵺
出没場所	西日本各地
出没時期	主に夜
発見時期	平安時代
レア度	🔥🔥🔥
危険度	🔥🔥🔥

京都だけでなく、岐阜や愛媛にも現れたそうだ！

101

一メートルにも成長した大きな蜘蛛
大蜘蛛 おおぐも

大きさは一メートルほどのものが多い

人間に化け、言葉たくみに荒れ寺にさそうほか、姿を消して襲うことも

人間を糸で縛り上げ、身動きを封じてから食べてしまう！

蜘蛛の巣で待ち伏せするよりも、直接襲いかかるものがほとんど

一メートルほどにも成長した蜘蛛で、荒れ寺や堂の天井にすみつく。一晩の宿を求める旅人が来ると、糸で身動きを封じてからゆっくりと食べる。姿を消して人家に来ることもあり、ねらわれた人間は何日もかけて精気や血を吸われ、やがては命を落とす。

名前	大蜘蛛
出没場所	全国各地の寺や堂、人里
出没時期	主に夜
発見時期	江戸時代
レア度	
危険度	

姿を見せずにただ砂をかけてくる
砂かけ婆 すなかけばばあ

特別な場所の妖怪

婆の姿が想像されているが、実際には誰も見たことがない

兵庫県西宮市の砂かけ婆は、狸が正体とされている

新潟の砂まき鼬、青森の砂まき狐も、砂かけ婆の仲間かも！

砂をかけられたと思っても本当はなにもない

人気のない神社の杜などにいて、人が来ると砂をパラパラと振りかける。姿は見せないため、どのような妖怪かは不明なのだが、なぜか婆とよばれている。兵庫県西宮市では狸のしわざとし、木の上から人に砂をかけるが、音だけで実際の砂はないという。

名前	砂かけ婆
出没場所	近畿地方の神社や人里
出没時期	時間や季節に関係なく出没
発見時期	江戸時代
レア度	🔴🔴
危険度	🔴

103

妖怪コラム
特別な場所に現れる妖怪たち
御所に現れた妖怪のその後

> 今も祟りがあるのかも!?

死んだ後も恐ろしい鵺

　天皇が住まう御所の上空に、夜な夜な現れては不気味な声で鳴いた鵺。源頼政に退治されたあと、死体は丸木舟で鴨川に流されたという。その後、丸木舟は淀川を下って今の大阪市の都島に漂着。再び流されて海を漂い、今度は兵庫県芦屋市に流れ着いた。

こちらは都島の桜通商店街近くにある鵺塚。明治時代には、この塚を掘ろうとした人が、鵺の祟りにあったそうだ

浜芦屋町の芦屋公園にある鵺塚。芦屋交番のすぐ裏にある

　死体が漂着してからというもの、村全体に病気が流行ったので、鵺の祟りを恐れた土地の人たちは、塚を築いて鵺の霊を慰めた。それが今も芦屋市浜芦屋町の公園内にある、鵺塚なのだとか。
　ちなみに、一度漂着した都島でも、付近の人たちに祟った話があって、都島の桜通商店街の路地裏に鵺塚がある。

九尾の狐の毒気は今もある!?

玉藻前と名乗る美女に化けて天皇に近づき、日本を滅ぼそうとした九尾の狐は、正体がばれると今の栃木県那須高原に逃げた。そこで追いかけてきた武士に退治されたのだが、死体は大きな石に変化。常に毒気を吐いて、近づくものを殺したという。そのためこの石は殺生石とよばれた。

殺生石は那須湯本にあって、誰にも近づけないよう、まわりは立ち入り禁止になっている。九尾の狐の毒気というのは、じつは火山性有毒ガスのこと。今も殺生石のまわりからはガスが吹き出し、鳥や獣が死んでいることがある。九尾の狐の毒気は、今もなお健在といえるかも。

恐しい…!

那須湯本にある殺生石。九尾の狐のなれの果てだ

妖怪学校

妖怪のこと、アレコレいろいろ勉強しよう！

三時間目 理科

1 元気のない河童を見かけたらどうしてあげればいい？

お皿に水をかけてあげる。ただし力を取り戻した河童に尻子玉を抜かれないように注意！

キュウリもくれたらうれしいぞ！

2 クダンの体は何の体？

牛。クダンや人魚、鵺のように二つ以上の異なる種族の特徴を持つ生物をキメラというよ。じゃがいもとトマトを掛けあわせたポマトは本当にある植物だよ。

3 お菊虫の正体、覚えているかな？

ジャコウアゲハのサナギ。ジャコウアゲハは本州の北の方から沖縄の八重山諸島あたりまで見られる、珍しい蝶だよ。

4 岩魚坊主がすむのは川？海？

岩魚坊主の正体であるイワナは淡水魚なので、川にすむよ。

5 大蝦蟇は何類？

岩みたいに大きいってコワイぞ！

蛙だから両生類だ。

第4章 人里の妖怪

人里の妖怪は、普段はどこに隠れているのか、夕方になると現れては、暗くなった道や家のまわりをうろつく。ときには家の中にまで入ってくる、恐ろしくてやっかいな妖怪もいるぞ！

人里ではとくに夜道に注意！

さまざまな術を使って人をからかうのが大好き

人里の妖怪

人里に近い野山に暮らす狐や狸には、不思議な能力を持つものがいる。化ける（人間や物、大入道など別の物体に変化）、化かす（大がかりな幻を出現させたり、幻視させたりする）ことを得意とし、姿を現さず人間に取り憑くといった能力を持つ。ほとんどの場合は人間を驚かすだけだが、そうした能力を使って人を殺害する凶悪な狐・狸も少なくない。また、狐と狸はよく怪しい火を灯す。提灯行列のように無数の火を出現させる狐火（狐の嫁入りとも）、ぼうっとした赤あるいは青い色の火の玉を飛ばす狸火は、全国各地でさまざまに伝えられている。

名前	狐、狸
出没場所	全国各地の人里、野山
出没時期	時間や季節に関係なく出没
発見時期	飛鳥時代
レア度	
危険度	

「ワタシは狐」
「わいは狸」

「もうずうっと長い間どっちが化けるの上手いかと化かし合ってる間柄なんですが」

「どっちが上手いと思います!?」

各地に伝わる親分狸と名物狐！

化ける技術が高い狐や、多くの子分を従えた親分狸など、日本には各地に名の知られた狐・狸がいる。

こんなにたくさんいるんだ！

葛の葉狐
大阪府和泉市の信太森にすむ狐。心優しい雌狐で、伝説では陰陽師安倍晴明の母親という。現在は御利益のある神様として、信太森葛葉稲荷神社に祀られている。

おさん狐
広島県広島市中区の江波にいた老狐。五百匹もの子分を従え、夜毎現れては美人や馬方、若者などに変化して、人間をからかったと言う。

与次郎狐
秋田県の久保田城にいた狐。城主に仕えて、若者に変化して飛脚として働いたが、後に狐の罠にかかって死んだ。与次郎を祀る稲荷社は今も千秋公園内に。

おとら狐
三河の名物狐。長篠合戦のときには流れ弾で左目を傷つけ、別の日には左足を猟師に撃たれた。そのため、おとら狐に取り憑かれた人は、左目と左足が痛む。

112

団三郎狢

新潟県佐渡市相川下戸村の山中にある二ツ岩にいた親分狸。人間に金貸しをするほどの金持ちだが、案外けち。ちなみに佐渡では狸のことを狢という。

人里の妖怪

金長狸

徳島県小松島市にいた狸。つまらないことで六右衛門という親分狸の怒りを買い、徳島の狸たちは金長側と六右衛門側とに分かれて阿波狸合戦を起こした。

六右衛門狸

徳島県徳島市の津田浦にいた親分狸。自分の跡取りになることを拒んだ金長狸を恨んで戦争を起こすが、金長も六右衛門も討ち死にしてしまった。

隠神刑部狸

愛媛県松山市の久方山にいた狸。八百八匹の子分がいたことから八百八狸ともよばれる。松山城を乗っ取る計画が失敗し、洞窟に封じこめられた。

屋島の禿狸

四国狸の総大将として香川県高松市の屋島寺にすむ。化ける・化かす技術のレベルは最高位で、たくさんの弟子が技術を学ぶために禿狸のもとに集まった。

人に取り憑いて悪さをする憑き物
犬神（いぬがみ）

> 基本的には姿を見せないで人に憑く

> 人に飼われている犬神もいて、その場合は主人の指示通りに働く

普通の犬とはまるで特徴が異なる不思議な姿

西日本で言う憑き物の一種。姿を見せずに人間に取り憑き、病気にしてしまう。普通の犬とはまったく違うもので、鼠のような小動物とか白黒の模様のある鼬のような動物、あるいは赤と黒のまだら模様があって手のひらに乗るほどの犬など、語られる土地によってその姿が異なっている。一説には、飢えた犬の首をはねて、その怨霊あるいは首そのものを祀ったものともいわれる。

取り憑くのは人間だけではなく、牛や馬に取り憑いて殺したり、職人が使うノコギリに取り憑いて使い物にならなくしたりする。

人里の妖怪

星

私は犬神 昔も今も追いかけるのが得意です

私を召喚したご主人の指名した相手なんかを追いかけるのがお仕事です

でも

たまには違うものも追いかけます

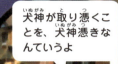
犬神が取り憑くことを、犬神憑きなんていうよ

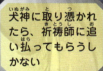
犬神に取り憑かれたら、祈祷師に追い払ってもらうしかない

名前	犬神
出没場所	西日本
出没時期	時間や季節に関係なく出没
発見時期	江戸時代
レア度	★★★
危険度	★★★

115

激しい恨みを持ったまま死んだ猫は恐ろしい化け猫に

通常よりも長生きをして不思議な能力を使うようになった猫や、激しい恨みを残して死んだ猫の霊が、さまざまな怪異を引き起こす。それが化け猫。尻尾が二股に分かれるほど長生きした猫を猫股というが、これも化け猫といっていい。

恨みながら死んだ猫が化け猫になった場合は、人間や物に化けて人をだましたり、祟りで憎い相手を殺したりと、恐ろしい性質になる。その一方、人間に可愛がられた猫が化け猫になると、手拭いをかぶって踊るだけだったり、人の言葉をしゃべって飼い主にお礼を言ったりと、あまり怖くはない。

名前	化け猫
出没場所	全国各地の人里、家の中
出没時期	時間や季節に関係なく出没
発見時期	江戸時代

人里の妖怪

ウチは化け猫
凄い猫ですニャ

まぁいろいろできますニャが
あえて凄いと言うのニャら…

すごく
カワイイ！

もう一度言いますニャ！?
すんごくゥ！
カワイイ！！！

耳元まで口が裂けた怪女
口裂け女 くちさけおんな

口には大きなマスク。ロングコートにブーツをはいていることが多い

手に鎌、包丁、メスといった刃物を持つことも

「きれいじゃない!」と答えると、その場で殺されるそうだ!

百メートルを三秒で走るという俊足の持ち主

美人なのに、大きなマスクを取ると恐ろしい顔

一九七九年の春ごろから出没するようになった怪女。大きなマスクをつけた姿で、人気のないさびしい公園や裏通りにたたずんで、人が来ると「私、きれい?」と声をかける。それなりに美人なので、「きれいです」などと返事をすると「これでも?」といってマスクを外し、耳まで裂けた口を見せつける。その後、隠し持っていた包丁や鎌で、自分と同じように相手の口を裂いてしまう。

なぜかポマードが嫌いなので、口裂け女だとわかったら、「ポマード！」と三回叫ぶと助かるとか、好物のべっこう飴をあげると見逃してくれるといわれる。

名前	口裂け女
出没場所	全国各地の都市部
出没時期	夕方から夜
発見時期	昭和時代
レア度	★★☆
危険度	★★★

人里の妖怪

私 口裂け女
名前の通り口が裂けちゃってるの

この前も「私きれい?」って聞いてみたら

きれいだよ！って言われちゃって

私も子供欲しくなっちゃった

119

沖縄の不気味な豚妖怪
ウワーグワーマジムン

女性に化けた豚が来たら「ウヮーンタ、グーグーンタ」と一度唱えれば逃げ出す

夜道でバッタリ出あっても股の下をくぐらせてはいけない！

人里の妖怪

沖縄で豚の姿をした妖怪のことをいう。女性に化けて若者の夜遊びにまざるものや、子豚の姿で夜道に出没するものがいる。夜道に出る子豚は、人の股の間をくぐって魂を抜く。魂を抜かれると死んでしまうので、出あったらすぐに足を交差させればよい。

子豚タイプの場合は、何匹もの集団で現れることも

マジムンとは沖縄の言葉で魔物を意味し、豚以外にもアヒル、牛などのほか、杓子や龕（棺をかつぐ道具）など、道具のマジムンもいる。

名前	ウゥーグゥーマジムン
出没場所	沖縄県の人里
出没時期	主に夜
発見時期	江戸時代
レア度	
危険度	

人の股をくぐろうとする子豚妖怪は、奄美大島にも出るぞ！

子供の姿で現れる古木の精霊
星 キジムナー

友達になって一緒に漁に出ると、おもしろいほど魚が捕れる

沖縄を代表する妖怪はとにかくイタズラが大好き

ガジュマル、アコウ、センダンといった古木の精霊。髪の毛も肌も真っ赤な子供のような姿で、人前に現れては赤土を赤飯だといって食べさせたり、夜道で提灯の火を奪ったりと、イタズラが大好き。火の玉を飛ばすこともあって、キジムナー火とよばれる。

人里の妖怪

タコ、おなら、鶏、熱い鍋のふたが大嫌い

悪いキジムナーに襲われると、肌に水ぶくれのような傷ができることがあるが、これをキジムナーの灸(ヤーチュー)という。

名前	キジムナー
出没場所	沖縄県の人里
出没時期	主に夜
発見時期	江戸時代
レア度	
危険度	

土地によってセーマ、ブナガヤ、アカガンターなんて呼び名もあるぞ

長い布のような姿で人を襲う
一反木綿 いったんもめん

長さは大体十メートルほど。白い布のように見える

ただの布のように見えても、本当は恐ろしい妖怪なんだ

自由に空を飛び、人間も軽々と持ち上げる

ねらわれるのは、夕方まで外で遊んでいるような子供

鹿児島県肝属郡肝付町に出現する、長い布のような妖怪。普段は権現山にひそみ、夕方になると空を旋回。ねらうのは暗くなるまで外で遊ぶ子供で、獲物を見つけると急降下。体にグルグルと巻きつき、窒息死させたり、空に連れ去ってしまったりする。

名前	一反木綿
出没場所	鹿児島県肝属郡肝付町
出没時期	夕方から夜
発見時期	江戸時代
レア度	
危険度	

葬式のときに出現する恐ろしい魔物
火車（かしゃ）

人里の妖怪

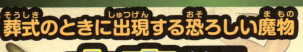

- 死んだ悪人を地獄へと運ぶ火の車が名前の由来！
- 人型の大きな猫のような姿をしている
- ねらわれたら最後！かならず死体を奪われる
- 黒雲を自由に操る。ときには黒雲に乗って現れることも

葬式のときや墓場から、生前悪いことをした者の死体を奪う、猫のような姿をした妖怪。ねらいをつけた死体はかならず盗み、どんなに晴天でも黒雲をよんで突風とともに死体を奪っていく。一説には、年を取った猫が火車になるともいわれている。

名前	火車
出没場所	全国各地の人里
出没時期	葬式がある日など
発見時期	時間や季節に関係なく出没
レア度	🔥🔥
危険度	🔥🔥🔥

ボウボウと燃える車輪に男の顔！
片輪車 かたわぐるま

火炎に包まれた車輪の真ん中に顔がある

片輪車のうわさをするだけでも祟りをなす

どういう目的で町を走りまわるのか、それは誰にもわからない

ゴロゴロと音が聞こえたら、決して外を見てはいけない

深夜、火炎に包まれた牛車の車輪だけが、ゴロゴロと音をたてて町を走りまわる。その姿を見た者は、かならず恐ろしい目にあう。ある女性などは、戸のすきまから片輪車をのぞき見しただけで、あっという間に自分の子供を殺されてしまった。

名前	片輪車
出没場所	近畿地方、長野県の人里
出没時期	夜
発見時期	江戸時代
レア度	🍅🍅
危険度	🍅🍅

狐の霊が人間に取り憑く！
狐憑き きつねつき

人里の妖怪

> 狐の霊体なので、その姿は見ることはできない

> いきなり狐の真似をしだすのも、狐憑きの特徴だ

> 狐は狼を恐れるので、狼を祀る神社のお札を見せると逃げていく

おとなしい人が、いきなりおしゃべりになる！

狐の霊が人間に取り憑くこと。憑かれた人は、原因不明の病気になるほか、食べ物をやたらと食べたり、隠し事ができなくなって秘密をしゃべったりと、おかしな行動をとる。取り憑かれたら、狼を祀る神社のお札を見せるか、祈祷師に追い払ってもらう。

名前	狐憑き
出没場所	全国各地の人里
出没時期	時間や季節に関係なく出没
発見時期	平安時代
レア度	●○○○○
危険度	●●●○○

相撲と酒が好きな山の神
三吉鬼 さんきちおに

普段は太平山の神様だが、人里に来るときは人間の姿に

力自慢する人には厳しいけど、酒好きな気のいい神様だ

げんこつで石を真っ二つにするほど、ものすごい怪力の持ち主

人の姿で酒を飲み、酒代の代わりに力仕事をしてくれる

秋田県の太平山の神様。人の姿で現れたときだけ三吉鬼とよばれる。相撲が大好きで、秋田で相撲自慢をすると、かならず三吉鬼がやってきて倒していく。気のいい面もあって、好きなだけ酒を飲ませると、大量の薪をくれたり、力仕事を手伝ったりする。

名前	三吉鬼
出没場所	秋田県の人里
出没時期	時間や季節に関係なく出没
発見時期	江戸時代
レア度	🍎🍎
危険度	🍎🍎

ジャンジャンと音をたてて飛ぶ怪火
じゃんじゃん火（じゃんじゃんび）

人里の妖怪

火の玉が別々の場所から一つずつ現れ、橋や墓地で落ち合うことも

奈良県天理市あたりではホイホイ火ともよぶ

追いかけられたら橋の下や池に飛びこんでやり過ごそう！

非業の死を遂げた者の霊が変化した恐ろしい火

ジャンジャンと音をたてて飛ぶ怪火。見ただけで高熱にうなされ、人にまとわりついて焼き殺すことも。心中した男女の霊や、戦死した武将の霊が火の玉になって現れたもので、天理市では龍王山の十市城跡に向かってホイホイと叫ぶと飛んでくるという。

名前	ジャンジャン火
出没場所	奈良県の人里
出没時期	雨が降りそうな夜が多い
発見時期	江戸時代
レア度	●●●
危険度	●●●

129

人の顔を持った不気味な犬
人面犬 じんめんけん

> 平成元年にいきなり現れた都市伝説の妖怪だ

> 見かけはただの犬だが、その顔は中年男性のよう

> 某大学の遺伝子実験で生まれたといううわさもある

繁華街をうろつき高速道路では猛スピードで走る

人の顔をして人の言葉をしゃべる犬。繁華街の裏道でゴミ箱をあさり、人に見つかると「ほっといてくれ」とか「なんだ人間か」などといって去って行く。高速道路では時速百キロメートルものスピードで走り、人面犬に追い越された車は事故を起こす。

名　前	人面犬
出没場所	全国各地の町
出没時期	時間や季節に関係なく出没
発見時期	平成時代
レア度	●●
危険度	●●

人の足をすり抜けるだけ
スネコスリ

人里の妖怪

どうして人の足の間をくぐるのか、目的は不明だ

犬のような小動物の姿をしている

足の間をこすって通る犬のような姿をした妖怪

歩く人のスピードに合わせ、器用に足の間をくぐる

岡山県に出現する。雨が降る夜、さびしい道に犬のような姿で現れ、通行人の足の間をスルスルとこすって通る。ただ気持ちが悪いだけで、それ以上の悪さはしない。井原市七日市町では、井領堂という堂の前が、スネコスリの出やすい場所だったという。

名前	スネコスリ
出没場所	岡山県の人里
出没時期	雨降りの夜
発見時期	江戸時代
レア度	●●●
危険度	●

後ろから袖を引っ張るだけ
袖引き小僧
そでひきこぞう

人間になにか訴えたいことがあるから、袖を引くのかも？

その姿を見た者はいないのに、なぜか小僧とよばれている

後ろから袖を引くだけで、あとはなにもしない

さびしい道ばたで、姿を見せずに後ろから袖を引く

埼玉県の東松山市や川島町に現れる妖怪。姿を見せずに、道を歩く人の後ろにつきまとって、袖をツンツンと引っ張る。それを何度もくり返すだけなので、とくに害はない。正体は不明だが、土地によっては道ばたで殺された者の霊だと伝えられている。

名前	袖引き小僧
出没場所	埼玉県西部の人里
出没時期	時間や季節に関係なく出没
発見時期	江戸時代
レア度	●●
危険度	●

小さな瓶にすっぽりと収まる大蛇
短蛇様 たんじゃさま

人里の妖怪

はじめは小さな蛇だったが、瓶の中で巨大化。それでも瓶から飛び出ない

神様になっても、近くの田畑を荒らした話もある

今の短蛇様は、二宮神社の境内に太郎社として祀られているぞ

命を助けてくれたお礼に土地の守護神になった

静岡県の浜名湖にいた怪蛇。うっかり海に流されそうになったところを農民に助けられたので、お礼として土地の守護神となり、瓶の中にすみつく。その姿は金色に輝く大蛇で、胴の太さが九十センチはある。それなのに、なぜか小さな瓶に収まっている。

名前	短蛇様
出没場所	静岡県湖西市の人里
出没時期	時間や季節に関係なく出没
発見時期	江戸時代
レア度	●●●●
危険度	●

133

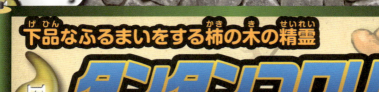

下品なふるまいをする柿の木の精霊
タンタンコロリン

柿の実のように真っ赤な顔をした大きな男

尻から熟した柿を出して、人に食べさせようとする

誰も食べてくれない恨みから、嫌がらせのようにして柿を食べさせるんだ

出会った人に、尻から出したものを食べさせる！

古い柿の木の精が化けた大入道で、真っ赤な顔をしている。柿の実をいつまでも取らずに放置しておくと出現し、人に出会うと尻から熟した柿をひり出して食べろという。出されたものは柿の実なので食べられるが、あまり気持ちのいいものではない。

名　前	タンタンコロリン
出没場所	宮城県の人里
出没時期	秋
発見時期	江戸時代
レア度	🟥
危険度	🟥

134

いきなり樹上から落ちてくる！
釣瓶下ろし　つるべおろし

人里の妖怪

生首や桶が本体なのか、それらを下ろす本体がいるのか、詳細は不明

またの名は釣瓶落とし。近畿地方に多く現れるんだ！

大抵は村の外れにある大木の上にいる

木から生首や木桶を下ろして人間を引っ張り上げる

大木の上にひそみ、夜になってから木の下を通る人がいると、人間の生首や木桶を落とす。その首や桶を使って人間を樹上に引っ張り上げ、食べてしまう。京都府亀岡市に出たものは、「夜なべ済んだか、釣瓶下ろそか、ぎいぎい」と口ずさむこともあった。

名前	釣瓶下ろし
出没場所	西日本各地の人里
出没時期	主に夜
発見時期	江戸時代
レア度	🔥🔥
危険度	🔥🔥🔥

二人の天才外科医の首が合体！
どうもこうも

一つの肉体に、二人分の頭がついた姿

本当に出たわけではなく、想像上の妖怪なんだね！

二つの頭があるのは、お互い同時に首を切り落とした結果

もともとは二人の天才外科医だった

一つの肉体に二つの頭がある妖怪で、昔話や絵巻物に登場。人の首を切っても元通りにできる二人の天才的な外科医が、技を競い合うのに夢中になりすぎて、お互いの首を同時に切り落としてしまった。どうにもこうにもならなくなって、こんな姿に。

名前	どうもこうも
出没場所	昔話や絵巻物に登場
出没時期	なし
発見時期	江戸時代
レア度	
危険度	

殺人事件を起こさせる恐ろしい憑き物
通り悪魔 とおりあくま

人里の妖怪

> 目の前に現れたら、目をつぶって心を静めればいい

> 白い着物を着た老人や、鎧甲で身を固めた武者のような姿をしている

> 通り魔とも通り者ともいう、恐ろしい妖怪だ

取り憑かれると無差別殺人を起こしてしまう

鎧甲を身に着けた武者の集団や、白い着物を着た老人姿で現れる悪霊。基本は姿が見えないが、取り憑こうとした人間にだけ姿を見せる。取り憑かれた人は、急に刃物などの武器を振りまわし、周辺の人を無差別に襲って、最後は自殺する。

名前	通り悪魔
出没場所	全国各地の人里、町
出没時期	時間や季節に関係なく出没
発見時期	江戸時代
レア度	
危険度	

137

冬になると山から下りてくる
ナマハゲ

> ナモミをはぐための包丁と、はいだ皮を入れる桶を持っている

> 普段は山の中でひっそりと身を隠しているという

> 秋田の伝統行事として有名なナマハゲは、妖怪の仲間！

怠け者の足にできたナモミをはぎ取るからナマハゲ

秋田県男鹿半島に出没する鬼。一月十五日の小正月や大晦日の晩に山からやってくるもので、家々を訪ねまわっては、怠け者の足にできたナモミ（囲炉裏などの火に当たりすぎるとできる足の皮膚の赤い縞模様。怠け者の象徴とされた）をはぎ取っていく。

名前	ナマハゲ
出没場所	秋田県男鹿半島の人里
出没時期	冬
発見時期	江戸時代
レア度	🍅
危険度	🍅🍅🍅

塗り壁 (ぬりかべ)

夜道の進行方向に壁を出現させる

人里の妖怪

- 壁は上下左右に続いていて、決して越えることはできない
- 大分県の方では、壁塗りの名前でよばれているんだ
- 狸のイタズラという話もある

夜道に塗り壁が現れたらあわてず棒を探せばよい

夜道にいきなり壁のようなものを出現させる妖怪。これに出あった人は、前に行くことはもちろん、左右のどちらも壁なので、進めなくなってしまう。塗り壁だと分かったら、壁の下の方を棒ではらうといい。いつの間にか壁は消えてなくなってしまう。

名　前	塗り壁
出没場所	福岡県、大分県の人里
出没時期	夜
発見時期	江戸時代
レア度	●●●
危険度	●

顔のパーツがなにもない！
のっぺら坊 のっぺらぼう

目も鼻も口もなく、ゆで卵のような顔

子供ののっぺら坊もいるし、大人の姿をしたものもいる

動物が人間を驚かすために化けていることが多いんだ！

驚かすものがほとんどだが人に襲いかかる場合も

目も鼻も口もないのっぺりとした顔をした妖怪。さびしい夜道にぽつんとたたずみ、近づいた人に顔を見せてびっくりさせる。大体は驚かすだけであまり害はないが、なかには人を襲うものもいる。ほとんどののっぺら坊は、狐や狸のような動物が化けている。

名前	のっぺら坊
出没場所	全国各地の人里
出没時期	主に夜
発見時期	江戸時代
レア度	●
危険度	●●

目が一つしかない子供姿の妖怪
一つ目小僧 ひとつめこぞう

人里の妖怪

目が一つしかない、子供の姿

静岡県伊豆地方や南関東地方では、二月八日か十二月八日に出現

江戸には家の中で驚かす一つ目小僧もいたそうだ！

驚かすくらいがほとんどだが疫病神のような性質も

夕方から人里に現れて、目が一つしかない顔を出あった人に見せて驚かす。人を襲うことはあまりないものの、静岡県や南関東の一つ目小僧は疫病神のような性質があり、二月八日と十二月八日になると病気にする人間を探して家々をのぞいてまわる。

名前	一つ目小僧
出没場所	全国各地の人里
出没時期	大体は夕方から夜
発見時期	江戸時代
レア度	🔸
危険度	🔸🔸

141

斬られても動きまわる不気味な首
武士の生首 ぶしのなまくび

> 国家に反乱したことで、将門は首を斬られたんだ

> 将門の首塚は千代田区大手町にある。失礼なことをすると祟られる

> 自分の首を探すため、胴体だけで現れる武将の幽霊もいる

京都でさらされた将門の首は胴体を求めて関東へと飛ぶ

恨みを残したまま首を斬られた武士は、怨霊となって首、あるいは胴体だけで現れることがある。平安時代の武将・平将門の生首がいい例で、「首をつないで戦うぞ」と叫んで京都から胴体のある関東へと飛び、東京で力尽きて落ちた。そこが将門の首塚。

名前	武士の生首
出没場所	全国各地の人里
出没時期	時間や季節に関係なく出没
発見時期	平安時代
レア度	●●●●●
危険度	●●●●●

思わずブルブルと震えてしまう
震々 ぶるぶる

人里の妖怪

ぞぞ神、臆病神ともいう

人の形をしたトコロテンのような姿が想像されている

突然、ぞっとすることがあったら、それは震々が憑いているのかも！

いきなり人の襟元に張りついて恐怖心をよび起こす

取り憑いた人間に恐怖を覚えさせる妖怪。なんでもない場所でいきなり鳥肌がたってぞっとするのは、この妖怪が取り憑いた証拠。姿は見ることができないが、人の襟元に張りついているという。しばらくすると離れてしまうので、あまり害はない。

名前	震々（ぶるぶる）
出没場所	全国各地の人里
出没時期	時間や季節に関係なく出没
発見時期	江戸時代
レア度	●●●
危険度	●

143

骨だけの姿で現れる女幽霊
骨女（ほねおんな） 星

怪談「牡丹灯籠」では、骨女ではなくお露の幽霊として出ているぞ

基本は骸骨姿だが、好きな人には人間の姿に見せる

悪霊除けのお札が苦手で、触ることはできない

好きな人にしつこくつきまとい最後は命を奪う

骨だけの姿で現れる幽霊で、怪談「牡丹灯籠」に登場。好きだった男性の前では普通の人間なのだが、ほかの人には骸骨にしか見えない。悪霊除けのお札や、祈祷師にたのんで追い払わないと、しつこくつきまとわれて最後は殺される。

名前	骨女（ほねおんな） 星
出没場所	怪談「牡丹灯籠」に登場
出没時期	主に夜
発見時期	江戸時代
レア度	🍅🍅🍅
危険度	🍅🍅🍅

箕や目を奪う恐ろしい妖怪
みかり婆 みかりばばあ

人里の妖怪

不気味な老婆の姿で、目は一つしかないともいう

みかり婆は、編み目がたくさんあるざるを怖がるそうだ！

口に火をくわえて、空を飛んでくることもある

二月八日と十二月八日の夜になるとやってくる！

二月八日と十二月八日の夜になると、どこからともなく農家の庭先に現れて、箕（穀物をふるってゴミを取り除くざるのような農具）を勝手に持っていってしまう。箕がないときには、人間の目玉を奪っていくことも。撃退するには庭先にざるを吊しておく。

名前	みかり婆
出没場所	南関東地方の人里
出没時期	二月八日と十二月八日の夜
発見時期	江戸時代
レア度	●●●○○
危険度	●●●○○

見上げれば見上げるほど背が伸びる
見越し入道 みこしにゅうどう

狐、狸、鼬、川獺といった動物が化けていることが多い

見越し入道の仲間は、見上げ入道、次第高なんて名前でもよばれるんだ

「見越し入道、見抜いたぞ」と言えば、なにもせずに消える

ひっくり返るだけならいいがひどい場合は殺される

はじめは道の前方に人間くらいの姿で現れ、見る見るうちに背が伸びていく。見上げるたびに背が伸びるので、見ている人はひっくり返ってしまう。そればかりか、動物が化けた見越し入道の場合は、見上げたときにのどを噛み切られ、殺されることも。

名前	見越し入道
出没場所	全国各地の人里
出没時期	主に夜
発見時期	江戸時代
レア度	●●
危険度	●●●

目には見えない不吉な魔風
悪い風（わるいかぜ）

人里の妖怪

> いつ吹いたのか分からないくらいの風量であることが多い

> 土地によっては、みさき風、精霊風、悪魔ヶ風ともいう

> 悪い風は、風邪という病名の由来にもなっているんだ

あたると風邪になる魔風は死霊のしわざ！

なんらかの理由で成仏できずにいる死者の霊は、墓場や自殺のあった場所など、屋外で魔風を吹かせることがある。その風にあたると風邪をひいてしまう。目には見えないので防ぎようがなく、大抵は風邪になってから悪い風にあたったことに気がつく。

名前	悪い風
出没場所	全国各地の人里
出没時期	時間や季節に関係なく出没
発見時期	江戸時代
レア度	
危険度	

妖怪コラム

人里に現れる妖怪たち
意外なエピソードの数々

知ってる話もあった!?

狸と狢の関係って？

狸とよく似た動物に、狢がいる。一般的に狢といえば穴熊のことを指すが、地方によっては狸のことだったり、狸と穴熊の両方をよんだりする。さらに、山形県米沢市では狐のことを狢とよぶ。

そのため団三郎狢のように、名前に狢とついていても穴熊ではないし、山形県米沢市での狢の話を穴熊だと思っていると、狐の話だったりするので、注意が必要になる。

二ツ岩神社に祀られている佐渡の団三郎狢は、穴熊ではなく狸のことだ

アンタたちまぎらわしいわね……

そっちこそ！

決まった日時に現れる妖怪

　人里の妖怪には、出現する日時が決まっている場合がある。二月八日と十二月八日に現れるのは、なにもみかり婆と一つ目小僧だけではない。災いや病気をもたらす横浜のヨウカゾウは、空を飛びながら千個もある目で家々をのぞいてまわる。宮城県気仙沼市では、老婆に化けた猫が正体の大天婆が、二月八日に家のまわりをうろつく。ほかには、大晦日や節分の日に現れる妖怪が多いようだ。これらは、昔の信仰行事と関係があるといわれている。

元貧乏神を祀った太田神社。文京区春日の北野神社境内にある

貧乏神が福の神になることも!!

　貧乏神は、神様として正しく祀ると、福の神に変身することがある。
　その昔、江戸の貧乏な武士が、ある年の暮れに「我が家は貧乏だが、それ以上の不幸は起きていない。これもすべて貧乏神様のおかげ。ただ、少しは福を与えてほしい」といって、貧乏神の神棚を作ってお参りをした。すると、翌年からは少しずつ暮らしが上向きになり、やがて、福の神としてたくさんの人がお参りをするようになった。今も東京都文京区の北野神社境内に、元貧乏神が祀られている。

妖怪のこと、アレコレいろいろ勉強しよう！

妖怪学校

四時間目 社会

1 ダイダラボッチが作ったという琵琶湖があるのは何県？

滋賀県。琵琶湖は日本最大の湖だよ。琵琶湖を掘ったときに出た土で作った富士山は山梨県と静岡県にまたがる日本一高い山なのは知っているよね。

2 麒麟の生まれ故郷といわれる外国はどこ？

中国。今の正式名称は中華人民共和国というけれど、長い歴史の中で何度も国の名前が変わってきたよ。

3 長壁姫の住む天守閣がある姫路城は国宝に指定されているけど、国宝ってなに？

日本にある建物や美術品などのうち、日本人みんなで大切にしなくてはいけない宝物と決められたものだ。

4 釣瓶下ろしの「釣瓶」ってなに？

今でも使っているところもあるぞ！

水は川だけでなく地中深くにも流れていて、そこから水を取るために掘った穴を井戸というのだけど、井戸から水を汲みだすために上から吊るす入れ物を釣瓶というんだよ。昔話によく登場するよ。

妖怪にもいろんな歴史があるんだね！

第5章 家・屋敷の妖怪

家や屋敷の妖怪は、座敷わらしのように昼間に出るものもいるが、人が寝静まったころに、ごそごそと活動しはじめるものが目立つようだ。そして、出没するのは古い家とは限らないぞ！

天井裏や床下にひそんでいることも！

家・屋敷の妖怪

まわりは揺れてないのに その家だけがグラグラと揺れる

古い家や屋敷にすみつく、小さな鬼のような姿をした妖怪。夜になると集団で現れ、柱や梁を揺すってミシミシと音を鳴らす。ひどい場合は地震のようにぐらぐらと家が揺れる。地震であれば近所の家も揺れるが、家鳴りが原因の震動は、その家だけに起こる。

また、その家の者に殺された人間や動物の悪霊が、恨みを晴らそうとして家を揺らすこともある。これらの悪霊は家に取り憑いた状態なので、いくら別の家族が移り住んでも家鳴りは収まらない。解決するには、家を取り壊すか、祈祷師にたのんで供養してもらうしか方法はない。

名前	家鳴り
出没場所	全国各地の家
出没時期	主に夜
発見時期	江戸時代
レア度	
危険度	

オレ家鳴り
木でできた家によく居る

オレはすごい小さい
けどお相撲さんみたいに大きくなりたい

だからお相撲さんみたいに鍛えてみたりするんだが

家の住人に何の音かと不審がられる

古い家の奥座敷にすみつく、子供の妖怪
座敷わらし ざしきわらし

福の神のような座敷わらしだけじゃあないんだね!

蔵にすみつくものは蔵わらしや蔵ぼっこなどとよばれる

三歳～十歳くらいの子供の姿で、男の子も女の子もいる

気にくわない人が奥座敷に寝ると、金縛りにして苦しめることも

家・屋敷の妖怪

福の神のようだったり気味が悪かったり、性質はさまざま

東北地方の古い家や屋敷の奥座敷にいる、子供の姿をした妖怪。イタズラ好きだったり、守護神として家を守ったりと、すみついた家ごとに性質が違う。

岩手県遠野市あたりの座敷わらしは、福の神のような特徴があり、座敷わらしがいる家は富み栄えて、いなくなると貧乏になるという。足音や物音を立てるくらいで、あまり人前には出てこないが、姿をはっきりと現すときは、その家から出て行く前触れといわれている。

岩手県奥州市あたりには、夜中に座敷や土間を這いずりまわるだけの、気味の悪い座敷わらしもいる。

名前	座敷わらし
出没場所	東北地方の旧家の奥座敷
出没時期	時間や季節に関係なく出没
発見時期	江戸時代
レア度	●●
危険度	●

ウチ座敷わらし
楽しいの大好き！

ウチの居るお家はいいこといっぱいになるよ！
いいこといっぱいだと楽しいね！

楽しくてたまに走りまわったりしちゃうんだけど
ダダダダ
わーい！

うるさいって怒られないか
ちょっと心配
ドキドキ

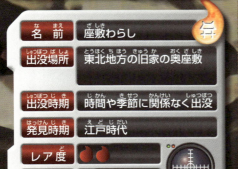

首が伸びるタイプと抜け出るタイプに分かれる

ろくろ首には二つの形態があって、首だけがニョロニョロと伸びるタイプと、体から首が抜け出して動き出すタイプに分けられる。どちらも昼間は普通の人間として過ごしているが、寝ているときなど本人が意識していないときに首が伸びたり抜けたりするので、一種の病気だともいわれている。ちなみに、首が抜け出るタイプでは、自分の意思で首が抜け出るものもいて、仲間とともに夜空を飛びまわるという。

ほとんどのろくろ首はあまり人間に害はないのだが、蛇や樹木の精霊がろくろ首になって現れることもあり、こちらは人間を襲うことがある。

名前	ろくろ首
出没場所	全国各地の家の寝室
出没時期	主に夜
発見時期	江戸時代
レア度	
危険度	

家・屋敷の妖怪

私はろくろ首 首が伸びるの

けど最近 そこが悩みでもあるのよね

気になるけど見ちゃいけないって思っても 勝手に首が伸びちゃって…

もうすんごい恥ずかしい！

その予言は絶対にはずれることがない

人の顔をした子牛で、社会に異変が起きそうになると牛小屋に姿を現す。母牛から生まれ出ると、いきなり人の言葉で予言をしゃべり出し、数日後には死んでしまう。予言の内容は戦争、災害、病気の流行にまつわるもので、クダンがいったことは絶対にはずれることがない。そこから、証文などを書くとき、クダンの予言のように間違いがないという意味で、「クダンのごとし」と、文章の終わりに書くようになったという説もある。

クダンがよく現れたのは、幕末から昭和のはじめにかけての時期。西日本に多く、クダンの誕生はたちまちニュースになった。

名前	クダン
出没場所	西日本の農村にある牛小屋
出没時期	社会に異変が起こる前
発見時期	江戸時代

レア度　●●●
危険度　●

家・屋敷の妖怪

ワタシはクダン　予言ができます

よく周りに明日の天気を予言してとか言われますが　明日は晴れる?

予言って死ぬほど疲れるんですよ　ホント死んじゃうんですよ

天気如きでやってらんないですよね　愚痴なんですけどね

161

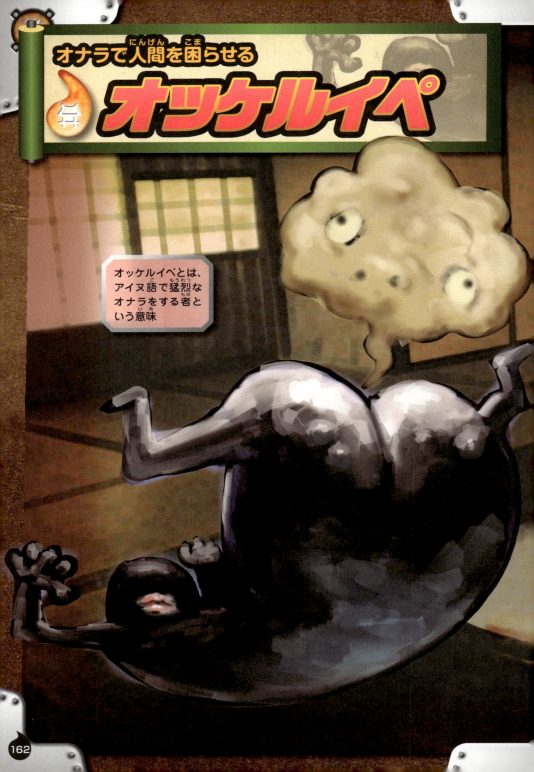

アイヌの人たちに伝わる 屁っこきお化け！

北海道のアイヌの人たちに伝わる妖怪。姿を見せずに部屋にやってきて、やたらとオナラをしまくる。あっちでプー、こっちでブブッときりがなく、おまけにとても臭い。こんなときは、口でオナラの音をまねてやると、退散して逃げていく。

家・屋敷の妖怪

姿を見せずに、オナラの音と臭いで人間を悩ませる

アイヌは日本の先住民族といわれ、北海道以外にも青森県の竜飛岬や岩手県の遠野など、アイヌ語が元になった地名が数多くある。

名前	オッケルイペ
出没場所	北海道の家の部屋
出没時期	時間や季節に関係なく出没
発見時期	江戸時代
レア度	
危険度	

オナラばかりする困った妖怪だ

163

風呂場にたまった人間の垢が大好き！
垢なめ あかなめ

いつも風呂桶をピカピカにしておけば、垢なめは来ないんだ

人間の子供のような姿だが、ベロが妙に長い

垢やゴミがたまったところから生まれたといわれる

夜な夜な、長い舌を使って風呂桶の垢をなめていく！

人間の垢が大好きで、またの名を垢ねぶりともいう。夜、人が寝静まったころになると風呂場に現れ、長いベロを使って風呂桶についた垢をペロペロとなめていく。垢なめが来ないようにするには、いつも風呂場をきれいにしておかなくてはならない。

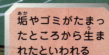

名前	垢なめ
出没場所	全国各地の家の風呂場
出没時期	主に夜
発見時期	江戸時代
レア度	
危険度	

164

天井裏で音を立てるだけの妖怪
小豆はかり
あずきはかり

家・屋敷の妖怪

音だけの妖怪なので、どんな姿をしているのかはよく分からない

音でびっくりさせるだけだから、そんなに怖くないかも？

小豆の音以外にも、ドシドシと天井で足音を立てる

はじめは何粒かの小豆の音
最後は大量の小豆をぶちまける

江戸の麻布にあった屋敷の天井裏にいて、夜になると天井にパラパラと小豆をまく音を立てる。はじめは粒をまくような音なのに、だんだんと音が大きくなって、最後には大量の小豆を天井にぶちまける音を立てる。音でびっくりさせるだけで害はない。

名　前	小豆はかり
出没場所	東京都港区麻布にあった屋敷
出没時期	主に夜
発見時期	江戸時代
レア度	🔴🔴🔴🔴
危険度	🔴

トイレで手だけを現す妖怪
カイナデ

トイレで手だけを現す。毛むくじゃらの手だともいう

「赤い紙やろうか、白い紙やろうか」の呪文で退散

学校のトイレにすみかを変えたものもいるようだ

節分の夜はトイレに注意
呪文の言葉を忘れずに！

京都では、節分の夜にトイレに入ると、何者かにお尻をなでられることがある。これはカイナデという妖怪のしわざで、なでられたら「赤い紙やろうか、白い紙やろうか」と呪文を唱えれば、もう出てこない。一説には、トイレの神様ではないかといわれる。

名前	カイナデ
出没場所	京都府の家のトイレ
出没時期	節分の夜
発見時期	江戸時代
レア度	●●
危険度	●●

人間の髪の毛だけをねらう妖怪
髪切り（かみきり）

家・屋敷の妖怪

髪切り虫という虫が正体ともいわれる

髪の毛が長い女性がねらわれやすいみたいだね！

暗がりから気配もなく近づいて髪の毛を切っていく！

昔の絵巻物などでは、手がはさみになった姿で想像されている

夜の道ばた、あるいは家の中の暗がりにいて、人間の髪の毛を気がつかれないようにバッサリと切ってしまう。正体は髪切り虫という虫だともいわれるが、誰も姿を見ていないので、詳しくは不明。昔は結った髪の毛を根元から切られる女性が多かった。

名前	髪切り
出没場所	三重県や東京都の家、道ばた
出没時期	夜
発見時期	江戸時代
レア度	🔥🔥🔥
危険度	🔥🔥

167

じつはトイレの守護神!?
がんばり入道
がんばりにゅうどう

下半身が幽霊のようにおぼろげになった姿が想像されている

妖怪というよりも、トイレの神様なのかも

大晦日の夜に呪文を唱えれば夜のトイレも怖くなくなる

大晦日の夜にがんばり入道の名前だけをよぶと、便器から頭を出す

見かけは恐ろしい入道姿だが、じつはトイレの守護神のような妖怪。大晦日の夜、トイレで「がんばり入道、ホトトギス」と一度唱えると、翌年からはがんばり入道がトイレに出没する妖怪を追い払ってくれるので、安心してトイレに行くことができる。

名前	がんばり入道
出没場所	全国各地の家のトイレ
出没時期	大晦日の夜
発見時期	江戸時代
レア度	
危険度	

寝ている女性の口をなめる下品なやつ!
黒坊主 くろぼうず

家・屋敷の妖怪

全身真っ黒な姿で、闇にまぎれて見えないほど

女性ばかりをねらう、いやらしい妖怪だ!

東京の神田に現れた黒坊主は、当時の新聞でも取り上げられた

強烈な生臭さは臭いをかいだだけで病気になる

全身が真っ黒な大坊主で、寝室に入ってきては、寝ている女性の口をなめまわしたり、吸ったりする。そのよだれは強烈に生臭く、かいだだけで病気になってしまうほど。一度ねらわれたら毎晩のように来るが、しばらく別の場所に避難すればあきらめる。

名前	黒坊主
出没場所	東京都の家の寝室
出没時期	夜
発見時期	明治時代
レア度	🔥🔥🔥
危険度	🔥🔥

上下を逆にして立てた柱の怪異
逆柱 さかばしら

正体は切られた樹木の精霊なのかも？

見た目は普通の柱。ときには柱から小さな姿の妖怪が飛び出す

夜中に不気味な声や柱や梁が崩れるような音を立てる

逆柱がある家は、なにかと不幸なことが起きる

家を建てるとき、根があった方を上にして柱を立てると、逆柱という妖怪に変化する。逆柱がある家は、夜中に怪しい声が聞こえたり、家が崩れるような音が鳴ったりして、だんだんと家の運が下がる。ひどい場合は火事などの災害にあってしまう。

名前	逆柱
出没場所	全国各地の家の部屋
出没時期	主に夜
発見時期	江戸時代
レア度	🔴🔴
危険度	🔴🔴

人体にひそむスパイのような怪虫
ショウケラ

家・屋敷の妖怪

人体にひそむ虫なのだが、その姿は鬼のよう

だれでも生まれたときから体内にショウケラがいる

体内にいるときは六センチくらいの大きさなんだって！

人の寿命を決めるため庚申の夜にだけ姿を現す

人の体内に宿る怪虫。六十日ごとに巡ってくる庚申の日の夜に、こっそりと体から抜け出て天にのぼり、宿っていた人の悪事を天帝に告げ口する。天帝はその告げ口によって、人の寿命を縮めるという。庚申の日は寝なければ、ショウケラも出てこない。

名前	ショウケラ
出没場所	全国各地の家の中
出没時期	夜
発見時期	江戸時代
レア度	🔴🔴🔴
危険度	🔴🔴🔴

171

小さくても立派な武士
ちいちい袴 ちいちいばかま

小さい姿だが、身なりはしっかりとしていて、刀を持つことも

昼の間に正体となる楊枝を燃やせば、出てこなくなるぞ！

捨てずに部屋で放置していた楊枝は妖怪化する！

一人で現れることもあれば、集団で出現することも

夜になると部屋に現れる、小さな侍の姿をした妖怪。楽しそうに踊りをおどったり、ときには刀を振りまわして人を脅したりする。正体は鉄漿つけ楊枝（女性がお歯黒を染めるときに使う）や爪楊枝で、ゴミ箱へ捨てずに部屋で放置すると妖怪化する。

名　前	ちいちい袴
出没場所	全国各地の家の部屋
出没時期	主に夜
発見時期	江戸時代
レア度	🔥🔥🔥🔥
危険度	🔥🔥

怪奇現象の原因となる魔物の通り道
なめら筋

魔物の正体は、狐や狸といった動物や、得たいの知れない妖怪

土地によっては、縄筋、魔筋、魔物筋ともよばれるよ

香川県坂出市では縄筋という。建物を建てたら毎晩続けて魔物が出る

家・屋敷の妖怪

そこに家を建てると毎晩のように魔物が出現！

四国、中国地方でいう魔物の通り道のこと。まっすぐな一本道の場合が多く、そこを通る魔物は、塀があろうが建物があろうが、とにかくまっすぐ進む。そのため、そこに家を建てようものなら、毎晩のように怪奇現象が起こり、悪いことばかり続く。

名前	なめら筋
出没場所	西日本の人里・家
出没時期	時間や季節に関係なく出没
発見時期	江戸時代
レア度	🔥🔥
危険度	🔥🔥🔥

173

人の悪夢を食べてくれる幻獣
獏 ばく

動物園にいるバクは、獏に似ているから名づけられたそうだ

象の鼻、犀の目、牛の尾、虎の足を持ち、体は熊に似ている

人の悪夢を食べるが、あまり出現することはない

人の悪夢を食べる幻獣はもともと古代中国の出身

寝室に現れては人の悪夢を食べる不思議な獣。もともとは古代中国生まれの幻獣で、めったなことでは姿を現さない。そのため昔の人は、初夢のときなど、獏の名前や絵姿をかいた紙を枕の下に入れて寝る方法で、獏に悪夢を食べてもらおうとした。

名前	獏
出没場所	全国各地の家の寝室
出没時期	主に夜
発見時期	江戸時代
レア度	🔥🔥🔥🔥🔥
危険度	🔥

粗末にされた履き物が妖怪に変身
化け草履 ばけぞうり

家・屋敷の妖怪

外に遊びに行くのは、ほかの履き物お化けと会っているのかも

草履や下駄に手足が生えた姿が想像されている

夜になると家から外に遊びに出かける

大事にされない履き物が夜な夜な夜遊びをするように！

草履や下駄など、履き物を粗末にしていると、いつの間にか履き物に精霊が宿り、夜になると外へ遊びに出てしまう。昼間は普通のくたびれた履き物なので気づかないが、夜遊びから帰るときに歌をうたうことがあるので、それで化けていることがわかる。

名 前	化け草履
出没場所	東北地方の家の玄関
出没時期	主に夜
発見時期	江戸時代
レア度	🌶🌶🌶
危険度	🌶

どんな金持ちでも貧乏にする恐ろしい神！
貧乏神 びんぼうがみ

貧乏神に取り憑かれると、とたんに貧乏になるからやっかいだ

汚い身なりをした老人で、なまけ者の家に好んでやって来る

神棚を作って貧乏神をきちんと祀ると、福の神に変身することも

すみつかれると金欠や病気といった不幸が続く

ボロボロの服を着た汚らしい老人の姿で、いろりの中や押し入れにすみつく。貧乏神にすみつかれた家は、いつもお金に困り、家族は病気がちになる。これを追い出すには、好物の焼き味噌で外におびき出し、その味噌ごと川に流すか、野に捨てればいい。

名　前	貧乏神
出没場所	全国各地の家
出没時期	時間や季節に関係なく出没
発見時期	江戸時代
レア度	🔴
危険度	🔴🔴🔴🔴

細くて長い手だけの座敷わらし
細手長手 ほそてながて

家・屋敷の妖怪

三歳児くらいの手で、腕がやたらと長い

目撃者によれば、腕の細さはまるで植物の蔓みたいだったという

人の死期だけでなく、自然災害で家がつぶれるときにも出現！

手招きされた者は死から逃げられない

座敷わらしの一種で、岩手県遠野市の家に現れる。細くて長い手だけしか見せず、夜、襖のすき間からニューッと突き出して、手招きをする。その手を見た人は、間もなく災害にあって死んでしまう。これは、その人の死期を教えに現れるのだという。

名前	細手長手
出没場所	岩手県遠野市の家の部屋
出没時期	主に夜
発見時期	明治時代
レア度	🔥🔥🔥🔥🔥
危険度	🔥🔥🔥🔥🔥

177

寝ている人の枕を動かしていく 枕返し まくらがえし

子供の姿や小さな仁王のような姿だと言われる

静岡県の山間部や香川県さぬき市では、枕小僧とよんでいる

座敷わらしや樹木の精霊も、イタズラで人の枕を動かすよ

寝ている人の命をねらっている可能性も！

夜、人が寝ている間に枕を動かしたり、寝ている人の頭と足の向きを変えたりする妖怪。ただのイタズラではなく、寝ている人の枕を動かすことで魂を抜き、殺そうとしているとも言う。土地によっては枕小僧という妖怪のしわざとしている。

名前	枕返し
出没場所	全国各地の家の寝室
出没時期	夜
発見時期	江戸時代
レア度	🔥🔥
危険度	🔥🔥🔥

子供を行方不明にする不気味な男
夜道怪 やどうかい

家・屋敷の妖怪

家の中にまで入ってくるなんて、対策しようがないね！

宿かい、ヤドウケともよばれた

大きな荷物を背負い、白い着物に白い足袋をはいている

家で遊んでいる子供もいつの間にか連れ去られる

埼玉県秩父市や比企郡地方に出没。大きな荷物を背負った不気味な男で、人里にやってきては、夕方まで遊んでいる子供を行方不明にする。家にいる子供もねらわれ、裏口や窓から音もなく忍びこみ、家族に気づかれないように連れ去ってしまう。

名前	夜道怪
出没場所	埼玉県西部地方の家や人里
出没時期	主に夕方
発見時期	時間や季節に関係なく出没
レア度	🔥🔥🔥
危険度	🔥🔥🔥🔥

179

妖怪コラム

家・屋敷に現れる妖怪たち
身近なところで出会えるかも!?

座敷わらしに会えるとイイネ!

菅原別館の客室。
座敷わらしへの
プレゼントで
いっぱいだ

座敷わらしが現れる宿

座敷わらしに会えるかもしれない旅館が、岩手県盛岡市にある。それが菅原別館。泊まった人は、夜中に子供のはしゃぐ声や、廊下を走りまわる音を聞くことがあり、たまに子供の姿を見ることがある。そんな不思議な声や音、姿を見た人は、道ばたで百円を拾うなどのささやかなラッキーから、仕事が大成功するといった大きな幸運と、不思議にいいことが起こる。

普通、座敷わらしは、すんでいる家とその家族に幸運をもたらす。しかし、ここの座敷わらしは、泊まり客にも幸運を授けてくれるという、珍しい存在なのだ。

石仏に彫られたショウケラ

　街角や神社・寺の境内を注意深く観察していると、庚申信仰に関係した、青面金剛の石仏を見つけることがある。四本あるいは六本の腕を持つ、恐ろしい顔をした石仏だ。よく見ると、その腕の一本は、人間のようなものを髪の毛でつかんでぶら下げている。
　じつは、その人間のようなものこそ、妖怪ショウケラなのだという。青面金剛は、ショウケラをやっつける仏様。そのため、石仏にもショウケラが彫刻されているというわけ。

青面金剛の石仏。写真右側下の腕に、ショウケラがぶら下げられている

　青面金剛の石仏には、見猿・いわ猿・聞か猿の三猿や、庚申という文字が彫られているので、簡単にほかの石仏と見分けがつく。

181

妖怪Q&A

妖怪のいろいろな謎やぎもんに答えるぞ！

Q1 妖怪って何種類いるの？

A 東京で河童と呼ばれる妖怪が大阪ではガタロというように、同じ妖怪でも呼び名が違うと一種類に数えられることもあるから、はっきりと何種類とは言えない。でも、決まった名前を持つ妖怪だけで何千種類もあるよ。

Q2 妖怪は生きているの？

A 河童のミイラもあるから、生きているものもいるだろう。だけど、家鳴りのようにアヤシゲな音や蜃気楼のようなまぼろしも妖怪に入るから、命があるかどうかはあまり関係ない。音は聞こえるし、確かにあるけど、生きているとは言わないよね。それと同じだ。

Q3 妖怪にいい妖怪と悪い妖怪がいるのはどうして？

A 人間にもいい人と悪い人がいるのと同じだよ。そして、悪い妖怪でも反省していい妖怪になることがある。そこも人間と同じだね。

Q4 一番強い妖怪はなに？

A これは難しい質問だ。腕力なら鬼や天狗が強いけれど、サトリのように心を読むことで自分より力が強い人間に勝つものもいる。強さにはいろんな種類があるから、どれが一番とは決められない。

Q5 妖怪なのに名前に「神」がつくのがいるのはなぜ？

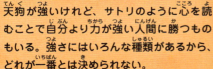

A 妖怪は人間にとって恐ろしいものだった。だから、あえて「神」とよぶことで、「あなたたちのことは尊敬して、ていねいにお祀りしているので、悪さしないでくださいね」という気持ちをあらわしたんだ。

182

Q6
どこにいけば妖怪に会えるの?

A 「おわりに」に書いている通り、妖怪そのものを発見することはなかなか難しい。だけど、鳥取県の境港市という街に行けば、たくさんの妖怪の像を見ることができる。日本一の妖怪タウンだ。

Q7
妖怪を捕まえることはできる?

A 妖怪を捕まえた人の話はいっぱい残っているから、きっと捕まえることはできるだろう。でも、発見するのが大変だし、中にはとても強くて怖い妖怪もいるから、簡単には捕まえられないし、危ないよ。

Q8
妖怪は人間と友達になりたいの?

A 友達になりたい妖怪もいるし、なりたくない妖怪もいる。なりたくない妖怪はできるだけそっとしておくのがいいだろう。うるさくすると怒って襲ってくるかもよ!

Q9
天狗の鼻はなぜ長いの?

A 誇らしい気持ちになったり、得意になったりすることを「鼻が高い」というよね。昔、自分は偉いと自慢ばかりするお坊さんや行者は、死後に天狗になるといわれた。だから、天狗の鼻は、きっと高くて長いに違いないって想像されたんだって。でも、ほかにもいろんな説があるんだよ。

Q10
どうして鬼には角があるの?

A みんなも十二支は知っているよね? 昔は年だけでなく、方向も十二支で表わしたんだけど、北東は丑の方向と寅の方向の間で「艮」とよばれた。鬼はその艮にすんでいるから、牛の角が生えているのではないかと考えられたんだ。ちなみにはいているパンツは虎の皮だよ!

鬼のすみかはここ!

183

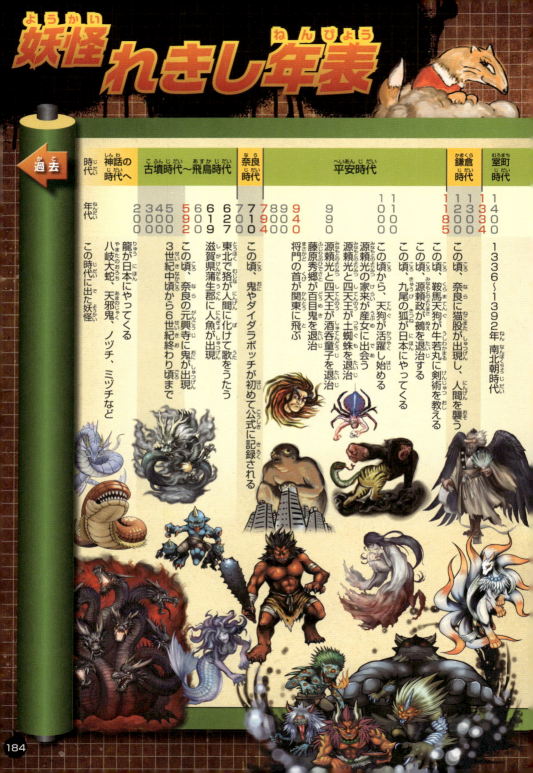

いつの時代にどんな妖怪が出現したかひと目でわかる年表だよ。君が好きな妖怪は、どれぐらい前からいるのかチェックしてみよう!

室町時代	安土桃山時代	江戸時代	明治	大正	昭和	平成	未来
1500	1545 / 1573	1600 / 1603	1700 / 1795 / 1800 / 1821 / 1836 / 1846	1868 / 1879	1910 / 1922	1927 / 1969 / 1984	1989	2015

- 15世紀末から16世紀末 戦国時代
- この頃、雪女が目撃され、記録される
- 奈良の武将・十市遠忠が、死後、ジャンジャン火となる
- 長篠合戦でおとら狐が負傷
- この頃、日本語をポルトガル語に訳した日葡辞書に「河童」が載る
- この頃、九州の鍋島藩で化け猫騒動が起こる
- この頃、滋賀県甲賀郡に片輪車出現
- この頃、髪切りが三重県松阪市に出現
- 兵庫県姫路市でお菊虫が大量発生
- 江戸の武家の下男が貧乏神に出会う
- 京都の丹波地方にクダンが出現
- 熊本の海にアマビエが出現
- この頃から汽車に化けてイタズラをする狸が出現
- 岩手県遠野市土淵の小学校に座敷わらしが出現
- 鹿児島県の奄美大島で子豚の妖怪が目撃される
- 1950年代 トイレの花子さんの噂が広まる
- 長崎県対馬に河童が出現 口裂け女の噂が広まる
- 人面犬の噂が流れる

さくいん 索引

よみがな	名前	ページ	よみがな	名前	ページ
あ あかなめ	垢なめ	164	**お** おおがま	大蝦蟇	70
あずきあらい	小豆洗い	62	おおぐも	大蜘蛛	102
あずきはかり	小豆はかり	165	おおはまぐり	大蛤	71
あたごやまたろうぼう	愛宕山太郎坊	20	おおみねさんぜんきぼう	大峰山前鬼坊	21
あだちがはらのおにばば	安達ケ原の鬼婆	16	おおやまほうきぼう	大山伯耆坊	20
あまのじゃく	天邪鬼	24	おきくむし	お菊虫	90
あまびえ	アマビエ	64	おさかべひめ	長壁姫	92
い いったんもめん	一反木綿	124	おさんぎつね	おさん狐	112
いづなさぶろう	飯綱三郎	21	おっけるいぺ	オッケルイペ	162
いっぽんだたら	一本だたら	32	おとらぎつね	おとら狐	112
いぬがみ	犬神	114	おに	鬼	14
いぬがみぎょうぶだぬき	隠神刑部狸	113	**か** かいなで	カイナデ	166
いわなぼうず	岩魚坊主	68	がきつき	餓鬼憑き	34
う うしおに	牛鬼	58	かしゃ	火車	125
うぶめ	産女	69	かたわぐるま	片輪車	126
うみぼうず	海坊主	66	かっぱ	河童	52
うぁーぐぁーまじむん	ウヮーグヮーマジムン	120	かにぼうず	蟹坊主	94

■…山の妖怪　■…海・川の妖怪　■…特別な場所の妖怪　■…人里の妖怪　■…家・屋敷の妖怪

よみがな	名前	ページ
かぶそ	カブソ	54
かまいたち	鎌鼬	35
かみあらいばばあ	髪洗い婆	72
かみきり	髪切り	167
がらっぱ	ガラッパ	54
かわひめ	川姫	73
がんばりにゅうどう	がんばり入道	168
き きじむなー	キジムナー	122
きつね	狐	110
きつねつき	狐憑き	127
きゅうびのきつね	九尾の狐	86
きりん	麒麟	96
きんちょうだぬき	金長狸	113
く くずのはぎつね	葛の葉狐	112
くだん	クダン	160
くちさけおんな	口裂け女	118
くらまやまそうじょうぼう	鞍馬山僧正坊	21

よみがな	名前	ページ
くろぼうず	黒坊主	169
こ こなきじじい	子泣き爺	36
さ さかばしら	逆柱	170
さがり	サガリ	37
ざしきわらし	座敷わらし	156
さとり	サトリ	26
さるおに	猿鬼	17
さんきちおに	三吉鬼	128
し しちにんみさき	七人みさき	74
じゃんじゃんび	じゃんじゃん火	129
しゅてんどうじ	酒呑童子	17
しょうけら	ショウケラ	171
じょろうぐも	女郎蜘蛛	75
しらみねさがみぼう	白峰相模坊	20
じんめんけん	人面犬	130
す すなかけばばあ	砂かけ婆	103

さくいん　索引

よみがな	名前	ページ
すねこすり	スネコスリ	131
そ そでひきこぞう	袖引き小僧	132
た だいだらぼっち	ダイダラボッチ	28
たぬき	狸	110
だんざぶろうむじな	団三郎狢	113
たんじゃさま	短蛇様	133
たんたんころりん	タンタンコロリン	134
ち ちいちいばかま	ちいちい袴	172
つ つがるのおおひと	津軽の大人	17
つちぐも	土蜘蛛	98
つちのこ	ツチノコ	30
つるべおろし	釣瓶下ろし	135
て てんぐ	天狗	18
と どうめき	百目鬼	16
どうもこうも	どうもこうも	136
とおののかっぱ	遠野の河童	55
とおりあくま	通り悪魔	137

よみがな	名前	ページ
どちろべ	ドチロベ	54
な なまはげ	ナマハゲ	138
なみこぞう	波小僧	76
なめらすじ	なめら筋	173
に にんぎょ	人魚	77
ぬ ぬえ	鵺	100
ぬりかべ	塗り壁	139
ぬれおんな	濡れ女	78
の のづち	野槌	38
のっぺらぼう	のっぺら坊	140
のぶすま	野襖	39
は ばく	獏	174
ばけぞうり	化け草履	175
ばけねこ	化け猫	116
はなこさん	花子さん	88
ひ ひこさんぶぜんぼう	彦山豊前坊	20
ひだるがみ	ひだる神	40

■…山の妖怪　■…海・川の妖怪　■…特別な場所の妖怪　■…人里の妖怪　■…家・屋敷の妖怪

よみがな	名前	ページ
ひとつめこぞう	一つ目小僧	141
ひょうずんぼ	ヒョウズンボ	55
ひらさんじろうぼう	比良山次郎坊	21
びんぼうがみ	貧乏神	176
ふ ぶしのなまくび	武士の生首	142
ふなゆうれい	船幽霊	60
ぶるぶる	震々	143
ほ ほそてながて	細手長手	177
ほねおんな	骨女	144
ま まくらがえし	枕返し	178
み みかりばばあ	みかり婆	145
みこしにゅうどう	見越し入道	146
みづち	ミヅチ	79
や やしまのはげだぬき	屋島の禿狸	113
やどうかい	夜道怪	179
やなり	家鳴り	154
やまうば	山姥	41

よみがな	名前	ページ
やまじじ	山爺	42
やまたのおろち	八岐大蛇	22
やまわろ	山童	43
ゆ ゆきおんな	雪女	44
よ よじろうぎつね	与次郎狐	112
り りゅう	龍	56
ろ ろくえもんだぬき	六右衛門狸	113
ろくろくび	ろくろ首	158
わ わらいおんな	笑い女	45
わるいかぜ	悪い風	147

どれだけおぼえられたかな？

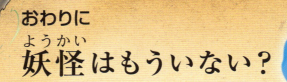

おわりに
妖怪はもういない？

日本には、妖怪の話が数え切れないほど伝わっている。

川で河童に足を引っ張られた話。天狗に誘拐された話。夜道でいきなり妙な壁に通せんぼされた話などなど、妖怪に出あったり襲われたりした人は、全国各地にたくさんいる。

ほとんどの話は、平成時代よりも前のこととして伝えられていて、最近の目撃情報や体験談というのは、それほど多くはない。

なぜ目撃談や体験談が減ったのだろう？ 妖怪はいなくなってしまったのだろうか？

答えはノー。妖怪は、今もそこにいる。

ただ、人間の妖怪に対する意識や、妖怪が出現する環境が、昔とはまるで異なっているので、現れにくくなっているのだ。

本当はいるのに、誰も気がつかない。本当はいるのに、出られない——というわけだ。

　例えば、火の妖怪。夜道を歩くとき、提灯や月の明かりだけがたよりだった昔と比べて、現在は街灯が道路を明るく照らし、町には二十四時間営業のコンビニがあるし、ジュースの自動販売機だって照明がついている。
　これほどまで明るいと、うすぼんやりとした明るさの火の玉なんて、たとえ出没していたとしても、誰も気がつかない。
　それから、家庭に電気が通じていなかったころは、昼間でも家の中には暗い場所があって、そこによく妖怪がひそんでいた。夜でも明るい今では、妖怪も現れにくくなるのは当然だ。
　目撃談や体験談がないからといって、妖怪がいないというのは、大きな間違い。今も妖怪は、ひっそりとどこかで身を隠している。
　この本をじっくり読めば、どんなところに妖怪がひそんでいるのか、きっと分かってくるはずだ。

村上健司

村上健司（むらかみけんじ）

1968年東京都生まれ。妖怪探訪家。全日本妖怪推進委員会世話役。幼いころから不思議な世界に興味を持ち、妖怪伝説を訪ねる旅をきっかけにライターとなる。主な著書は『妖怪事典』、『怪しくゆかいな妖怪穴』（ともに毎日新聞社）、『日本妖怪大事典』、『日本妖怪散歩』（ともにKADOKAWA）などがあり、児童書には『日本全国妖怪スポット（全4巻）』（汐文社）、『妖怪探検図鑑　家や学校のまわりの妖怪』、『妖怪探検図鑑　身近な山や水辺の妖怪』（ともにあかね書房）がある。

〈STAFF〉

イラスト	岩里藁人	デザイン	髙垣智彦（かわうそ部長）
	ZAEBOS	校正	くすのき舎
	椎名	編集協力	門賀美央子
	七海ルシア		
	ねじまき		
	山下昇平		

（五十音順）

妖怪 ひみつ大百科

2025年5月10日　第1刷発行

著者　　村上健司
発行者　永岡純一
発行所　株式会社永岡書店
　　　　〒176-8518　東京都練馬区豊玉上1-7-14
　　　　電話　03-3992-5155（代表）
　　　　　　　03-3992-7191（編集）

DTP　編集室クルー
印刷　横山印刷
製本　大和製本

ISBN978-4-522-44307-1　C8045
乱丁本・落丁本はお取り替えいたします。
本書の無断複写・複製・転載を禁じます。

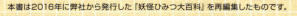

本書は2016年に弊社から発行した『妖怪ひみつ大百科』を再編集したものです。